ABREGÉ

DE

L'HISTOIRE

DES

INSECTES.

TOME SECOND.

ABREGÉ

DE

L'HISTOIRE

DES

INSECTES,

Pour servir de suite à l'Histoire
Naturelle des ABEILLES.

Avec des Figures en Taille-douce.

TOME SECOND,

A PARIS,

Chez les Freres GUERIN, rue S. Jacques;
vis-à-vis les Mathurins, à S. Thomas
d'Aquin.

M. D. CC. XLVII.

Avec Approbation & Privilége du Roi.

TABLE

DES ENTRETIENS

Contenus dans le Tome second.

Fin de la Table des Entretiens.

ABREGÉ

ABRÉGÉ

DE

L'HISTOIRE

DES

INSECTES.

*Pour servir de suite à l'Histoire
Naturelle des ABEILLES.*

IX. ENTRETIEN.

*Des Guêpes en général, & particu-
liérement de celles qui vivent
sous terre.*

EUGÈNE, CLARICE, HORTENSE.

EUGÈ-
NE. **N**OUS avons par-
couru dans nos
derniers Entre-
tiens la classe des Abeilles sauva-

Tome II.   A

ges; je vous ai fait connoître principalement celles dont je jugeai que les travaux induſtrieux, & un genre de vie ſolitaire & ſingulier pourroient vous amuſer & vous inſtruire. . Nous paſſerons aujourd'hui chez les Guêpes, animaux carnaciers, chaſſeurs, vivans de rapines & de meurtres, vrais anthropophages parmi le peuple Mouche. Il y en a trois claſſes principales qui vivent en ſociété, & qui ſe diſtinguent par rapport aux différentes places qu'elles choiſiſſent pour conſtruire leurs nids. Celles de la premiere claſſe les attachent à des plantes, ou à des branches d'arbres. Elles ſont les plus petites, & ne compoſent que des ſociétés peu nombreuſes. Les Guêpes de la ſeconde claſſe ſe nichent dans des troncs d'arbres, ou dans des greniers peu fréquentés. Celles-ci ſont les plus groſſes de toutes;

on les appelle Frelons. La troi- des Guêpes.
siéme claſſe comprend celles
dont j'ai deſſein de vous entretenir préſentement. Ce ſont des
Guêpes qui bâtiſſent des villes à
la maniere des Mouches à miel,
qui y vivent en commun, y mul-
tiplient, y élévent leurs familles,
forment un grand peuple qui remplit tous les devoirs d'une ſociété bien unie. Leurs édifices nous
feront voir qu'elles connoiſſent,
& qu'elles exercent de tout tems
un art que l'on peut dire être nouveau parmi nous, eû égard à l'antiquité du leur; qu'elles ſçavent
fabriquer du papier. Leur architecture reſſemble en quelque choſe à celle des Mouches à miel,
mais elle en differe beaucoup à
d'autres égards. Ce n'eſt point
ſur nôtre terre, c'eſt ſous nous
que ces animaux paſſent une
partie de leur vie. Nous mar-
chons ſur eux, comme eux ſous

A ij

nous, pieds contre pieds : une é-
paiffeur de terre affez confidérable nous fépare. Si vous voulez
me fuivre, je vous en ferai voir
une colonie.

HORTENSE. Sur ce début je
tremble que vous n'ayez deffein
de nous conduire aux Antipodes.

CLARICE. Quand cela feroit,
ne dit-on pas communément
qu'un voyage de long cours fa-
çonne bien la jeuneffe ?

HORTENSE. Etre veuve, jeune
encore, avec une fortune honnête, & maîtreffe de fes droits, on
peut fe flatter d'avoir toutes fes
façons, & tout ce que l'on peut
raifonnablement défirer.

EUGENE. Il y manque des connoiffances que l'on n'apporte pas
en naiffant, & que la fortune ne
donne point ; telle eft, par exemple, celle que vous allez acquérir en avançant quelques pas avec
nous dans ce Pré. C'eft-là que

nous ferons au bout de ce voya- desGuêpes.
ge qui vous effraie, & que nous
verrons les Antipodes. Je vais
donc fans tarder davantage commencer l'hiftoire de nos Guêpes.
Il y en a de plufieurs efpéces,
dont les unes vivent en République, & ces Républiques font
plus ou moins nombreufes. Il y
a auffi des Guêpes folitaires. Je
vous en fis connoître une l'année
derniere à l'occafion des Abeilles
Maçonnes. Ce feroit vous en-
nuyer que d'entrer dans le détail
de toutes ces efpéces : il fuffira
de nous arrêter à quelques-unes.
Mais il eft bon avant toutes chofes, de vous faire connoître en
quoi les Guêpes diffèrent des A-
beilles ; à quels fignes on peut
les diftinguer les unes des autres:
car ces deux efpéces font aifées
à confondre par qui ne fçait pas
y regarder d'affez près. Le privilége commun qu'elles ont toutes

d'être armées d'un aiguillon qui
a toujours une difposition prochaine à faire de cuifantes blef-
fures, ne permettroit pas à Hortenfe de s'expofer à cet examen.
Je me contenterai donc de vous
dire ce qui en eft. Le ventre des
Guêpes ne tient au corcelet, (je
fuppofe que vous vous fouvenez
que nous entendons par corcelet la partie de l'Infecte la plus
près de la tête , celle qui eft proprement fa poitrine) le ventre,
dis-je , ne tient au corcelet que
par un filet très-fin, qui eft plus
long dans les unes , plus court
dans les autres , mais toujours ai-
fé à voir ; au lieu qu'on ne l'apperçoit qu'avec peine dans les A-
beilles, tant domeftiques que fau-
vages , parce que le ventre de
celles-ci s'emboîte dans le corcelet. En forte que lorfque vous
rencontrerez fur vos tables , ou
ailleurs , une Mouche dont le

corps vous paroîtra partagé en deux parties bien séparées, vous pourrez affirmer hardiment que c'est une Guêpe ; si ces deux parties vous paroissent jointes, & n'en faire qu'une, vous direz que c'est une Abeille. La différence de couleur pourra encore vous aider à les discerner. Le brun est la couleur ordinaire des Abeilles ; la livrée des Guêpes est du jaune & du noir, combinés par raies & par taches. Voilà ce qu'il y a de plus facile à remarquer pour les distinguer de loin. Mais il y a d'autres différences, plus fines, pour ainsi dire, & qu'on ne peut voir qu'avec la loupe, telles sont les suivantes. Les Abeilles ont une trompe, & les Guêpes n'en ont point, mais elles ont à la place une bouche qui ressemble à ces fleurs que les Botanistes appellent fleurs en gueule, & le peuple gueule de loup.

A iiij

HORTENSE. Cela ne fait pas une bouche mignonne.

EUGENE. Je n'en ſçai rien. Il faudroit, avant que d'en juger, avoir leur avis. Mais pour vous achever la peinture de cette bouche, la lévre ſupérieure eſt grande, longue & refendue ; l'inférieure eſt beaucoup plus courte ; ce qui a trompé quelques Naturaliſtes, comme Swammerdam, qui a pris la longue lévre pour une trompe. Tout cela eſt accompagné de deux ſortes de dents qui tiennent aux deux côtés de la tête, & qui viennent ſe rencontrer ſur le devant de la bouche ; elles ſont larges à leur extrémité, & ſe terminent chacune par trois dentelures à pointes aigues. Enfin une ſingularité qui eſt propre aux Guêpes, & qui peut encore les faire diſtinguer ſans microſcope de toutes les Mouches à quatre aîles, c'eſt que

les aîles supérieures des Guêpes
paroiffent fort étroites lorfqu'elles font en repos, ce qui provient
de ce qu'elles font toujours pliées
en deux fuivant leur longueur *. * PLANC.
La Mouche ne les déplie que VIII.Fig.1.
pour voler. Je ne puis omettre
une attention admirable du Créateur en faveur de ces petits animaux. Elles ont au-deffus de l'o-
rigine de chaque aîle fupérieure
une partie écailleufe , une façon
de petit reffort qui arrête, preffe
la partie de l'aîle , & fe trouve à
fa rencontre , lorfque la Mouche
a pris fon vol, pour empêcher
qu'elle ne s'élève trop haut *. * PLANC.
VIII.Fig.4.
CLARICE. Son vol apparem- Let. R R.
ment eût été fans cela d'une ra-
pidité prodigieufe.

EUGENE. C'eft le contraire.
Cet Infecte étant deftiné à vivre
de chaffe, eft fouvent obligé de
pourfuivre fa proie à tire-d'aîle ;
il eût pû lui arriver dans l'ardeur

de fa pourfuite de ne point me-
furer fon vol, & de faire faire à
fes aîles de trop grandes portions
de cercle dans l'air, ce qui eût re-
tardé fa courfe au-lieu de l'accé-
lérer. L'Auteur de fon être lui a
placé à propos cette petite partie
écailleufe qui fait l'office d'un ar-
rêt, & qui rend les coups d'aîle
plus courts, & les vibrations plus
vives, & plus fréquemment re-
doublées. Vous voilà préfentement en état de difcerner aifé-
ment les Abeilles d'avec les Guêpes. Pourfuivons l'hiftoire de
celles-ci. Toutes les différentes
efpéces de Guêpes femblent a-
voir fait entre elles le partage de
Jupiter & de Pluton. Les unes
ont choifi leurs demeures dans
des lieux fouterrains, les autres
en plein air. Les premieres que
Guêpes
Souterrai-
nes. j'appelle *Guêpes Souterraines*, aiment à vivre en nombreufes fo-
ciétés ; elles font les plus com-

munes en ce pays, & celles qui nous importunent le plus. C'eſt d'elles auſſi dont il va être queſtion entre nous. On les appelle encore *Guêpes domeſtiques*, parce qu'elles entrent très-familiérement dans nos appartemens, qu'elles ſe jettent comme des harpies ſur nos tables, qu'elles viennent ſans façon partager nos repas, goûtent avant nous de nos fruits, ravagent nos eſpaliers, & ſur-tout nos muſcats dont elles ſont très-friandes.

HORTENSE. Je ne puis me réſoudre à honorer du nom de domeſtiques d'inſolentes petites bêtes, qui ne ſe contentent pas de venir dérober nos biens juſques deſſous nos yeux, mais qui ſont toujours prêtes à voler à la face de qui veut les chaſſer. Je ne ſerai pourtant pas fâchée de les connoître; car être perſécuté par des pillards, ſans ſçavoir d'où ils

viennent, où ils se cachent, ni le
moyen de s'en défaire, c'est un
redoublement d'ennui.

CLARICE. Un autre motif qui
est plus de mon goût, me fait désirer de pénétrer jusques dans
leurs demeures, c'est de voir ces
manufactures de papier dont Eugène nous a parlé.

EUGENE. Vous aurez toutes deux
contentement. Une République
de Guêpes Souterraines, telle nombreuse soit-elle, est l'ouvrage d'une seule mere qui a été
fécondée en Automne, qui s'est
sauvée comme elle a pû des rigueurs de l'Hyver, & qui au Printems cherche à se débarrasser du
fardeau de sa fécondité. La terre
étant le lieu que la nature lui a
marqué pour établir son ménage, son premier soin est de chercher quelque endroit propre à
creuser une caverne, où elle
puisse travailler en sûreté & en

repos. C'eſt ſouvent au milieu Guêpes d'un Pré, d'une pelouſe, d'un Souterrai- champ, ſur les bords d'une allée nes. de jardin, ou d'un grand chemin. Pourvû que la terre ſoit facile à remuer, & ne ſoit point mêlée de pierres, c'eſt-là qu'elle ſe fixe. Elle ne néglige point non plus de ſe ſervir d'un trou de taupe a-bandonné. Voyez-vous ici une petite place de terre labourée, pendant que tous les environs ſont couverts d'herbe fraîche ? Voyez-vous encore le trou qui eſt au milieu de cette place, & qui peut avoir un pouce de dia-métre ?

HORTENSE. C'eſt apparemment là la porte qui conduit chez les Guêpes.

EUGENE. C'eſt par-là qu'elles entrent & qu'elles ſortent.

CLARICE. Ne ſommes-nous pas un peu trop hardies de nous ex-poſer ſans précaution aux inquié-

tudes de ce petit peuple brutal,
farouche,& que je crois très-peu
respectueux envers le sexe?

HORTENSE. Sans doute nous
sommes folles ; pour moi , je me
sauve , j'en suis déja toute couverte. En vérité , Eugène , vous
nous faites-là de mauvais tours.

EUGENE. C'est la peur qui vous
les fait voir , car il n'y en a pas
une seule. J'ai fait périr hier par
le moyen d'une méche souffrée
& allumée tous les habitans de
cette ville , afin que vous la puis-
siez voir paisiblement & sans inquiétude.

CLARICE. Remettons-nous donc,
Hortense , puisqu'il n'y a rien à
craindre , & qu'une vaine frayeur
ne nous fasse point perdre des
connoissances agréables.

EUGENE. Ce trou est le chemin
qui conduit à une petite ville
souterraine ; c'est une espéce de
galerie que les Guêpes font à

force de miner la terre. Cette galerie va rarement en ligne droite,
elle conduit par des détours au
séjour ténébreux. Le chemin n'est
pas toujours de la même longueur, parce que la ville est plus
ou moins éloignée de la surface
de la terre ; il y faut descendre
par une profondeur qui n'a quelquefois qu'un demi-pied, & fouvent un pied, ou un pied & demi. Faifons mettre par votre do-
meftique tout ce myftère au jour;
quelques coups de bêche nous
auront bien-tôt ouvert une vafte
entrée dans cet état souterrain,
que nous appellerons dorefna-
vant un *Guêpier.*

CLARICE. Cela fera bien-tôt
fait, mon homme eft expéditif.

EUGENE. Pendant qu'il travaille, & que nous fommes oififs, je
vous apprendrai une maniere facile d'élever chez vous des Guêpes, & de vous en procurer une

Guêpes Souterrai-nes.

Guêpes
Souterrai-
nes.

voliere, fi cela peut vous amufer.

CLARICE. Je doute fort que je
me donne jamais ce paffe-tems.
Mais je ferai toujours bien aife
de fçavoir comment on peut mettre en cage de pareils oifeaux.

EUGENE. On peut les mettre
dans des Ruches vitrées, comme les Mouches à miel. Il eft vrai
que l'opération eft délicate & pé-
rilleufe ; mais cependant avec un
peu de courage on en vient à
bout. C'eft par ce moyen que
l'Auteur d'après qui je parle, s'eft
inftruit du détail de leur vie & de
leurs manœuvres. L'amour que
les Guêpes ont pour leurs petits,
rend cette opération plus facile
que l'on ne croiroit. Un homme
bien cuiraffé, fortement vêtu, les
mains enveloppées d'épaiffes fer-
viettes, la tête couverte d'un ca-
mail, dont le devant eft garni de
gaze ou de toile à tamis, pour
laiffer

laisser la vûe libre, porte une Ruche vitrée proche d'un Guêpier,
se dépêche de déterrer celui-ci,
& le met promptement sous la
Ruche. Pendant l'opération les
Mouches effrayées se répandent
en l'air comme un nuage, environnent le ravisseur de toutes
parts, cherchant à le faire repen-
tir du trouble qu'il leur cause;
plus de dix à douze mille aiguillons sont prêts à le percer, il ne
leur manque qu'à trouver le défaut des habits qu'ils cherchent
avec une véritable fureur. Mais
l'affaire finie, le dénicheur de
Guêpes laisse sa Ruche auprès du
Guêpier, & se sauve, assez con-
tent de sa bonne fortune, s'il s'en
est tiré sain & sauf. La vengeance
dont les Guêpes sont animées, ne
leur fait point perdre de vûe leur
nid; l'amour maternel y raméne
celles qui s'étoient écartées; toutes reviennent à la file se rendre

Tome II.　　　　　　　　B

à la Ruche vitrée , où retrouvant l'objet de leurs soins & de leur tendresse, elles y demeurent , & continuent d'agir comme elles faisoient sous terre. La nuit venue, on bouche exactement tous les trous de la Ruche , & on la transporte doucement au lieu qu'on lui a destiné.

HORTENSE. J'imagine que tout cela est fort agréable , mais je n'en suis pas plus tentée d'avoir une voliere de ces anthropophages.

CLARICE. Mon jardinier nous avertit que le Guêpier est découvert. Avançons.

EUGENE. Nous voilà maintenant en état d'observer à notre aise. Tous ces morts dispersés sur les dehors du nid , vous annoncent que la fumée du souffre s'est répandue comme une contagion dans toute l'enceinte de la ville , & qu'elle en a exterminé tous les habitans. N'ayant plus rien à craindre, arrêtons-nous d'abord à en confidérer l'extérieur. Remarquez premiérement la capacité du trou qui contient le nid; il a entre quatorze & quinze pouces dans fon plus grand diamétre. C'eſt un trou prodigieux, quand on penſe que des Mouches qui n'ont pû enlever la terre que grain à grain, en font cependant venues à bout. Cette boule qui le remplit *, eſt le nid même des Guêpes, c'eſt-là cette ville tant vantée. Pour donner à ma defcription un ordre méthodique, je commencerai par vous décrire la forme de cette ville, fes fortifications, fes murailles, fes portes; les maifons des habitans; je vous ferai connoître la nature des matériaux dont ils fe fervent pour bâtir; puis nous paſferons à leurs mœurs, & à tout le reſte du détail de leur vie. Cet-

B ij

Guêpes Souterraines.

* PLANC. VIII. Fig. 8.

te boule donc , telle que vous la
voyez, vous préfente ce que j'appelle les murailles de la ville ,
c'eft-à-dire , l'enveloppe du Guêpier , ce qui environne exactement tout l'intérieur. Sa forme eft
communément une boule allongée , quelquefois fphérique , on
en a vû faites en cône applati.
Les Guêpes ont apparemment
leurs raifons pour la diverfifier
ainfi : peut-être que la difficulté
de fouiller la terre les y oblige.
La terre du trou qui environne
cette ville , lui tient lieu de rem-
part , & d'ouvrages extérieurs
pour la défendre contre les atta-
ques du dehors. Il n'y a jamais
que deux portes dans un Guêpier *. Les habitans entrent par
l'une, & fortent par l'autre. Cet
ordre y eft obfervé avec une très-
grande exactitude, & beaucoup
mieux que dans nos lieux d'affem-
blée. Avant que de vous parler de

* Ib. Let.
S.S.

la matiere dont les murs font compofés, j'ai deffein de fendre diamétralement ce nid-ci, afin que vous puiffiez voir d'un coup d'œil tout ce dont je veux vous entretenir féparément.... Voilà le nid partagé *. Ceci eft l'enve- *PLANC. loppe qui eft d'une épaiffeur af- IX. Fig. 1. fez confidérable *, puifqu'elle a *Ib. Let. A. ordinairement entre un pouce & un pouce & demi.

HORTENSE. On croiroit voir un gâteau feuilleté.

EUGENE. Il eft vrai. Tout ce-la cependant, tant les murs que toutes les petites cellules, ne font que des feuilles de papier; mais il y a dans cette enveloppe une induftrie qui mérite d'être re-marquée. Son ufage eft de pré-ferver l'intérieur du nid, de l'hu-midité de la terre, & des pluies qui la pénétrent. Cette matiere de papier y paroît peu propre, il falloit donc qu'une ftructure fin-

Guêpes
Souterrai-
nes.

guliere vînt au fecours , & fup-
pléât à fa foibleffe. C'eft ce que
les Guêpes ont très-bien compris.
Lorfque vous regardez le nid par

* PLANC.
VIII. Fig.
8.

le dehors * , fa furface vous paroît raboteufe , & faite de coquilles reffemblantes à celles dont
fe parent les Pélerins de Saint
Jacques, excepté qu'elles ne font
point cannelées , & qu'elles font
minces comme notre papier le
plus fin. Plufieurs couches de ces
coquilles font l'épaiffeur du mur ;

* PLANC.
IX. Fig. 1.
Let. A.

* on en trouve quelquefois jufqu'à quinze ou feize. Elles font
pofées & collées , les bords des
unes fur la convexité des autres ,
ou à peu près. La fymmétrie n'y eft
guère mieux obfervée que dans
un gâteau feuilleté ; mais il réfulte toujours de cet affemblage
irrégulier, que toutes ces coquilles ne fe touchant que par leurs
contours , laiffent de grands vui-
des entre elles, ce que vous pou-

vez voir facilement par la cou- Guêpes Souterrai- nes.
pe. * Par ce moyen les Guêpes
ont prévenu ce qu'elles avoient * Ibidem.
à craindre du défaut de leur matiere ; car vous concevez aifé-
ment que fi toutes ces feuilles
étoient plates , & appliquées
exactement l'une deffus l'autre ,
l'humidité les auroit bientôt pé-
nétrées de part en part ; au-lieu
qu'étant féparées, & ne formant
qu'un affemblage de petites voû-
tes , l'eau y coule facilement, &
qu'une voûte défend l'autre. Il réfulte encore de cette architecture, un avantage très-confidérable,
c'eft qu'elle épargne beaucoup
de matiere , & par conféquent
autant de travail aux Ouvrieres.

HORTENSE. Voilà bien de l'art
& des précautions pour préparer
une retraite commode à des Larrons , qui ne fçavent que nous
nuire fans nous être d'aucune utilité.

Guêpes
Souterrai-
nes.

EUGENE. Voyons fi c'eft par
leur faute, ou par la nôtre que
nous n'en tirons aucun avantage.
Je prétends vous faire voir que
nous avons le plus grand tort du
monde de nous plaindre d'eux,
puifqu'il n'a tenu qu'à nous de
profiter à leur école. Il y a bientôt
6 mille ans que le monde eft monde, & il n'y a pas mille ans que
l'on a l'ufage du papier. Avant ce
tems-là, nos Ancêtres ne fe fer-
voient pour écrire que de feuilles
de Plantes, d'écorces d'arbres, ou
de tablettes de cire, toutes matieres trèspériffables, fort incommo-
des, & d'un ufage embarraffant. Le
parchemin inventé par un Roi
de Pergame, étoit une marchan-
dife chère, & deftinée feulement
pour des ouvrages d'importance.
Il n'eft pas douteux que la difficulté de fe fervir, ou de conferver ces matieres, ne nous ait privé d'une infinité de rares décou-
vertes,

vertes, d'écrits précieux, & d'his-
toires curieuses, que l'antiquité
nous auroit transmis, si elle avoit
connu le papier dont nous nous
servons aujourd'hui, qui par la
facilité qu'il procure de multiplier les copies, son abondance
& son vil prix, nous offre des secours infinis, & porte en peu de
tems le progrès des sciences d'un
bout du monde à l'autre. Or qui
a empêché qu'on ne l'ait connu
dès les premiers tems ? C'est sans
doute le mépris injuste pour les
Insectes ; ou du moins la maniere négligente & précipitée dont
ceux des Anciens, qui sçavoient
mieux juger de la valeur des choses, comme Aristote & Pline, les
ont examinés. Si, par exemple,
Aristote, ce fameux Naturaliste,
qu'Alexandre défrayoit à grands
frais, eût apporté à ses recherches une attention proportionnée
aux récompenses de son Souve-

rain, il auroit appris des Guêpes l'art de faire le papier, & fa poftérité n'auroit point eu la peine d'attendre pendant des fiécles, qu'un heureux Artifte l'eût imaginé.

CLARICE. J'efpère que vous ne me ferez point attendre plus long-tems qu'elle, pour m'apprendre comment les Guêpes s'y prennent pour faire celui que nous voyons.

EUGENE. Vous allez le fçavoir. On rencontre très-fréquemment des Guêpes attachées fur de vieux treillages, de vieux chaffis, de vieilles portes, de vieux contrevents de fenêtres. Approchezvous d'elles alors doucement pour ne les point effaroucher, vous reconnoîtrez facilement qu'elles n'y font point ofives : vous les verrez ratiffer le bois avec leurs dents, en détacher les fibres, les tirer en filamens très-fins, les preſſer entre leurs ſerrés, les écharpir, les couper, puis les mettre en maſſe de forme ronde, qu'elles portent tout de ſuite à leur Guêpier. Voilà la matiere premiere de leur papier, c'eſt, comme vous voyez, du bois pur. Pour ſçavoir comment il devient papier parfait, il n'y a qu'à ſuivre la Mouche dans ſes procédés. Suppoſons qu'elle veuille allonger une lame de papier commencée, elle ſe place à un des bouts de cette lame, elle humecte ſa boule, la pétrit avec ſes pattes, en fait une pâte qu'elle poſe ſur la tranche de ſa lame. Cette pâte ayant la vertu d'une colle, s'y attache à l'inſtant. La Mouche ne travaille point en aveugle & au hazard, elle a été bien inſtruite. Vous avez quelquefois vû des Cordiers, portant devant eux une proviſion de chanvre, auquel avec leurs mains ils donnent

C ij

Guêpes
Sout rrai-
nes.

en reculant continuellement la
forme de corde : c'eſt une image
aſſez juſte du travail d'une Guê-
pé. Elle tient ſa boule entre ſes
pattes ; quand elle la ſent adhé-
rente, elle la bat, la pétrit, la
tire à elle en reculant ; à chaque
pas que la Mouche fait en arrie-
re, elle l'allonge, & lui donne
en même tems avec ſes dents la
figure d'une petite bande, qu'elle
applique continuellement par ſa
tranche ſur celle de la lame de
papier, & dont à l'inſtant elle
fait partie. Après qu'elle a mené
ainſi un pouce, ou un pouce &
demi d'ouvrage, elle revient ſur
ſes pas, reprend ce qu'elle vient
de faire qui n'étoit qu'ébauché,
& lui donne toute la perfection
qu'elle lui déſire. C'eſt ainſi que
piéces à piéces nos Mouches ſont
venues à bout de faire toute la
quantité de papier, dont ce Guêpier eſt compoſé. La diligençe

& la célérité avec lesquelles elles y travaillent, sont presque aussi étonnantes que leur industrie ; mais quand vous sçaurez que dix ou douze mille Mouches y sont souvent occupées toutes ensemble, vous serez moins surprises de ce prodigieux travail. Comme toutes sortes de bois, pourvû qu'il soit vieux, & qu'il ait été long-tems exposé à la pluie, leur convient, cela fait que le papier des Guêpes, comme les bois qu'elles emploient, n'est pas d'une seule couleur, mais qu'il paroît marbré. Cependant toutes ces différentes couleurs en produisent une dominante qui est le gris cendré.

CLARICE. Vous venez de nous décrire fort clairement l'Art de Papeterie, de la maniere dont les Guêpes l'exercent. Mais je ne vois pas comment Aristote, supposé qu'il en eût eu connoissan-

C iij

ce , auroit pû en tirer quelque lumiere pour la fabrique de notre
papier. Je fçais à peu près comme il fe fait dans nos manufactures : je n'y ai jamais vû employer
que de vieux linges , & je n'imagine pas que l'on pile des portes ,
des contre-vents , & des échalas
pour en faire de la pâte à papier.

EUGENE. Quand on étudie la
pratique des Arts , ce qui n'eſt
point une ſcience indifférente ,
on s'apperçoit ſouvent que des
choſes qui paroiſſoient fort éloignées l'une de l'autre, en ſont ſouvent beaucoup plus voiſines que
l'on ne l'auroit crû. Si Ariſtote ,
qui a examiné les Guêpes , ſe fût
donné la patience de les voir travailler , comme a fait notre Auteur , il eût vû diſtinctement qu'a-
vec les fibres du bois , détachées ,
humectées , pétries , la Guêpe en
ſçait faire une eſpéce d'étoffe ;
il eût en bon Naturaliſte tâté cet-

te étoffe ; il lui eût cherché quel-qu'usage , il eût essayé de la per-fectionner ou de l'imiter. Il eût fait part de ses observations à la postérité : supposé qu'il n'eût pas pu , ou n'eût pas vécu assez long-tems , pour lui trouver quel-qu'utilité , un successeur eût ajoû-té à ses observations de nouvelles tentatives ; un troisiéme auroit renchéri sur le second , autant en auroient fait les suivans ; & nous ne serions peut-être pas aujour-d'hui à la peine de chercher com-ment avec du bois on peut faire du papier. Il ne faut souvent qu'une premiere vûe pour don-ner aux gens intelligens une ou-verture dont ils sçavent bien pro-fiter.

CLARICE. Puisque notre papier coûte si peu , & se fait avec des matieres de rebut , & qui seroient sans cela de nul usage , pour-quoi voulez-vous leur souhaiter

C iiij

un supplément, & le chercher dans des choses qui ont aussi peu de rapport entre elles, que des planches & des chiffons ? Quel avantage le Public en peut-il retirer ?

EUGENE. La matiere que les Guêpes emploient, & celle dont nous nous servons, ne font pas si éloignées l'une de l'autre que vous pensez, & le bien public exige que l'on y fasse attention. Les Maîtres des Papeteries ne sçavent que trop, & se plaignent souvent que les vieux chiffons deviennent de jour en jour une matiere rare, parce que la consommation du papier augmente tous les jours, pendant que celle du linge dont il est fait, reste à peu près la même ; outre que les Etrangers nous en enlévent beaucoup pour leurs Papeteries. Il seroit par conséquent très-utile de multiplier le fond de

ce commerce ; & les Guêpes
nous en apprennent le moyen.
Le papier eſt fait, comme vous
ſçavez, de vieux chiffons qui ne
ſont eux-mêmes que du linge. Le
linge n'eſt autre choſe que les fibres du lin & du chanvre. Les
fibres des Plantes, ou du moins
de certaines plantes, ſont donc
propres à faire du papier. Pourquoi ne le ſeroient pas les fibres
de certains arbres ? Lorſque l'on
veut mettre le lin & le chanvre
en uſage pour parvenir à en faire
du linge, on laiſſe ces plantes
dans l'eau pendant quelques ſe-
maines, ce qu'on appelle *roüir*,
après quoi on les fait ſécher. Cette opération eſt néceſſaire pour
déſunir les parties de la plante,
& faciliter la ſéparation de ſes fibres. Il ſemble que les Guêpes
ſçavent cette Phyſique. Elles ne
s'attachent qu'à des bois qui ayant
été long-tems expoſés à la pluie,

Guêpes
Souterrai-
nes.

ont été souvent mouillés & séchés, & se trouvent par-là dans l'état du lin roüi, ce qui leur procure le moyen d'en détacher aisément les fibres. Leur exemple est pour nous une leçon qui doit nous exciter à chercher parmi les plantes inutiles, & mêmes parmi les arbres ou les vieux bois, de quoi suppléer à la disette du vieux linge; de trouver des plantes, dont on puisse faire immédiatement du papier, en s'y prenant d'une maniere équivalente à celle des Guêpes.

HORTENSE. Je crains que cette leçon ne coûte à Clarice, tout au moins, la porté de son Parc. De l'humeur dont je la connois, elle n'est pas personne à laisser un tel secret se perdre dans l'oubli.

CLARICE. Nous verrons ce que nous en ferons après qu'Eugène nous aura achevé son histoire.

EUGENE. Le papier eſt donc la matiere des murs d'un Guê- Guêpes Souterraines. pier. C'eſt auſſi la matiere dont on bâtit les maiſons. Ces maiſons ſont ce qu'il nous faut obſerver à préſent. L'intérieur d'un nid de Guêpes, eſt un compoſé de pluſieurs planches : on en trouve dont le nombre va juſqu'à quinze, celui que nous tenons n'en contient que huit. * Ceux des extrémités ont moins de diamétre que ceux du milieu. Vous voyez que cela doit être, puiſqu'ils ſuivent le contour de l'enveloppe qui eſt à peu près ovale. Ces planchers ſont ici ce que ſont les gâteaux de cire dans les Ruches des Mouches à miel, avec cette différence, que ceux des Mouches à miel ſont pendans, & ceux des Guêpes horiſontaux. Ceux-ci ſont élevés par étage les uns au-deſſus des autres, de la hauteur d'un demi pouce. Cela

* PLANC: IX. Fig. I. 1, 2, 3, 4, 5, 6, 7, 8.

ne fait pas une élévation confidérable ; mais elle eſt proportionnée à la grandeur des habitans.
Ces intervalles ou entredeux de
planchers tiennent lieu de places
publiques, qui ſervent aux Mouches pour aller, venir, paſſer &
repaſſer à leur aiſe, & ſans s'em-
barraſſer. Il y a telle de ces places,
ſur tout celle du gâteau du milieu,
qui a juſqu'à un pied de diamétre ; mais pour paſſer d'un gâteau
à l'autre, elles ont ménagé dès le
commencement d'autres routes
faciles. Les bords des gâteaux ne
touchent point aux murailles, ils
en ſont éloignés d'une diſtance
ſuffiſante pour laiſſer la liberté
aux Mouches de monter & deſ-
cendre par cet intervalle, d'aller
d'un gâteau à l'autre, de gagner
les portes lorſqu'elles veulent ſortir du Guêpier.

CLARICE. Je vois dans vos places publiques pluſieurs rangs de

colomnes qui me paroissent faire
un joli effet. * Est - ce encore
quelque trait de prévoyance ?

Guêpes
Souterrai-
nes.

* Ib. Let. B.

HORTENSE. J'imagine que ces
colomnades font des prome-
noirs, ou si vous voulez, des pé-
riftyles que les Guêpes se font
procurés pour prendre le frais, &
philofopher à leur maniere, comme nous faifons ici.

EUGENE. Je n'ai point péné-
tré jufques-là. Je fçai feulement que ces colomnes font
deftinées moins à la décoration
qu'à la folidité de l'édifice. Je
m'en vais vous en donner la preu-
ye. Ce que nous nous fommes
contentés d'appeller jufqu'à préfent des planchers, eft un affemblage d'alvéoles, femblable aux
gâteaux des Mouches à miel. Les
Guêpes commencent leurs édifices par le haut, les fondemens font
attachés à la partie la plus éle-
vée, c'eft toujours en defcendant

qu'elles bâtiffent. Le premier gâteau eft fufpendu à la voûte de
l'enveloppe par des liens, le fecond eft fufpendu au premier par
des liens femblables; le troifiéme, le quatriéme & ainfi des autres, font tous fufpendus l'un à
l'autre par le même artifice. Ces
liens font multipliés à proportion
que le diamétre des gâteaux augmente : le premier, qui eft le plus
petit, ne fera quelquefois attaché
que par trois ou quatre liens,
pendant que celui du milieu, qui
eft le plus large de tous, en aura
cinquante. Tous ces liens ont
effectivement l'air de colomnes,
dont chacune a une bafe & un
chapiteau d'environ deux lignes
de diamétre, & un fuft qui n'a
qu'une ligne. Elles font fimples,
affez groffiérement conftruites, à
peine font-elles rondes, ce qui
forme au premier coup d'œil une
efpéce de colomnade ruftique.

Nous appuyons nos édifices sur des colomnes, les Guêpes y suspendent les leurs ; chaque nation a son architecture. Cependant elles ne se fient pas toujours à ces colomnes pour la solidité de leurs gâteaux , elles ajoûtent encore souvent quelques liens qui attachent les bords des gâteaux aux parois de leurs murs. Or toutes ces colomnes ou liens sont faits de la même matiere que les murs & les planchers, c'est-à-dire, de cette espéce de papier dont je vous ai entretenu. Examinons présentement les gâteaux en particulier. Ceux des Mouches à miel sont composés de deux rangs de cellules ou alvéoles adossés l'un à l'autre, ce sont, pour ainsi dire, des gâteaux à deux faces, aulieu que ceux de nos Guêpes n'ont qu'une face ; ils sont faits d'un seul rang de cellules, dont les ouvertures sont en embas, &

Guêpes Souterraines.

les fonds regardent le haut , & forment tous enfemble ces pla-ces publiques ornées de colon-nades. Leurs cellules font hexa-gones comme celles des Abeil-les ; les Guêpes leur donnent cet-te figure , dans la vûe d'épargner la matiere & le terrein. Clarice peut fe reffouvenir d'avoir vû dans l'hiftoire des Abeilles *, combien les cellules hexagones font propres à cette œconomie.

Voyez l'Hift. Nat. des Abeil. Tome II. Entretien II.

CLARICE. Du vieux bois n'eft pas une matiere fi précieufe pour qu'elles doivent l'employer avec tant d'épargne.

EUGENE. Je crois que c'eft moins à l'importance de la ma-tiere qu'elles ont égard , qu'à la peine de la mettre en œuvre. Un fage œconome ne fait couper dans fes forêts, que la quantité d'arbres qui lui font néceffaires pour la conftruction de fes bâti-mens ; ce qu'il feroit façonner de

plus

plus, lui tourneroit en pure perte. Nos Mouches se comportent
suivant les mêmes principes. La
profondeur des cellules est proportionnée à la longueur des
Guêpes, & fait l'épaisseur des
gâteaux ; elles ne contiennent ni
miel ni cire, elles sont unique-
ment destinées à loger les Vers,
les Nymphes, & les jeunes Mouches qui n'ont point encore pris
l'essor. Dans un Guêpier qui
n'est ni des plus grands, ni des
moindres, on peut compter jusqu'à dix mille alvéoles ; & comme [chaque alvéole peut servir
de berceau à trois jeunes Guêpes
consécutivement, un Guêpier
peut produire par an plus de trente mille Guêpes. Je finirai ici la
description du Guêpier. Vous en
avez vû, ce me semble, assez
pour bien connoître l'artifice de
nos Mouches, dans la vûe de se
procurer des logemens commo-

Tome II. D

des pour elles & leurs familles.
Paſſons aux Guêpes mêmes, à
leurs mœurs, à leur nourriture,
à la maniere dont elles naiſſent,
à l'éducation de leurs petits, à
leurs occupations : toutes choſes
que vous ne pourrez voir, faute
d'une voliere, & pour leſquelles
il faudra que vous vous en rap-
portiez à ma parole. Ce détail
pourra bien occuper une de nos
promenades entiere. Ainſi j'opi-
ne que nous le remettions à de-
main.

X· ENTRETIEN·

Suite de l'Histoire des Guêpes Sou-
terraines.

EUGENE, CLARICE, HORTENSE.

EUGENE. C'Est au Printems , Guêpes
comme je vous l'ai déja dit, qu'u- Souterraine mere Guêpe échappée aux fu- nes.
reurs de l'Hyver, songe à construire son nid , & à mettre au
monde une nombreuse postérité.
L'honneur d'être mere exige
d'elle dans ces premiers momens
de grands soins & un prodigieux
travail. Elle est obligée de creuser
seule la grotte souterraine qu'elle
destine à son établissement. Je ne
crois pas qu'elle la fasse d'abord
de toute la grandeur de celle que

vous vîtes hier. Mais au moins enléve-t-elle affez de terre pour y commencer l'enveloppe du Guêpier, & y attacher le premier gâteau, c'eft-à-dire, le premier rang d'alvéoles. A mefure que chaque alvéole eft achevé,& fouvent il ne l'eft pas encore, qu'elle y pond un œuf. Pendant que cet important ouvrage va fon train, les premiers œufs pondus éclofent fucceffivement, deviennent Vers, Nymphes, & enfin Guêpes. Toutes ces métamorphofes fe font en peu de tems; environ vingt jours fuffifent à chaque œuf pour devenir Guêpe : car il eft bien néceffaire que cette mere foit bientôt foulagée, elle ne pourroit pas fuffire feule à loger, nourrir, & entretenir plus de trente mille enfans qui doivent recevoir le jour dans l'efpace de fix mois. Les jeunes Guêpes, comme les Abeilles, for-

tent de leurs alvéoles toutes parfaites, & aussi bien instruites que
leur mere. Les premieres nées se
joignent à l'instant à leur mere
commune, & travaillent de con-
cert à multiplier les alvéoles, &
tout ce qui en dépend.

CLARICE. Ce début me paroît
ressembler assez à celui de l'A-
beille qui fait des nids de mousse.

EUGENE. Jusqu'ici le sort
de l'une & l'autre mere est assez
semblable, mais vous allez bien-
tôt voir des différences notables.
Laissons pour un moment notre
Mouche construire seule des alv-
véoles, nourrir ses premiers nés,
les veiller, les soigner, pour sçavoir en quoi consistera cette fu-
ture famille lorsqu'elle sera complette. La mere Guêpe donne la
naissance à des enfans de trois espéces différentes; à des mâles,
à des femelles, & à une troisiéme espéce sans sexe que nous

appellons Ouvrieres ou Mulets;
ouvrieres, parce que ce font elles qui dans cette fociété portent le poids du jour; mulets,
parce qu'elles ne font point faites
pour la multiplication de l'efpéce. Ces mulets font communément de deux grandeurs différentes, & portent un aiguillon dont
les piquûres font plus cuifantes
que celles des Abeilles. Voici des
deffeins qui vous les feront connoître. Ces deux Figures vous en
repréfentent un de chaque grandeur *. Les mâles tiennent le milieu pour la groffeur entre les mulets & les femelles, & font pareillement de deux grandeurs *,
mais n'ont point d'aiguillon. Enfin les plus grandes de toutes font
les femelles, comme vous le pouvez voir ici *. Leur aiguillon eft
plus long & plus gros que celui
des mulets. Pour vous donner une
jufte idée du volume de ces trois

* PLANC.
VIII. Fig.
5. & 6.

* Ib. Fig.
2. 3.

* Ib. Fig. 7.

espéces, il suffit de vous dire que Guêpes Souterraines. communément une femelle pèse autant que six mulets, car elle pèse autant que trois mâles, & un mâle autant que deux mulets. Ces trois espéces varient encore en nombre. Pour quinze ou seize milliers de mulets, on trouve ordinairement à la fin de l'Eté trois cent mâles, & autant de femelles. Je reviens présentement à la Mouche mere, & à ses premiers nés. La Guêpe paroît sçavoir combien il lui est important de se faire au plurôt un grand nombre d'alvéoles pour les œufs qu'elle est pressée de pondre ; les mulets paroissent aussi sentir le besoin de leur mere ; chacun y concourt avec une ardeur admirable : c'est à qui s'empressera d'enlever des terres pour agrandir la caverne, à allonger l'enveloppe du Guêpier, à multiplier les cellules, à fournir des vivres,

Comme les mulets sont destinés
à faire tout le gros ouvrage du
Guêpier, qu'ils sont les plus la-
borieux, les plus légers, les plus
actifs, c'est par eux que la Guêpe
commence sa ponte. Il y en a
des milliers d'éclos avant qu'elle pense à faire des mâles & des
femelles.

HORTENSE. Je vous arrête-là.
Espérez-vous me faire croire
qu'elle est la maîtresse de discerner le sexe des œufs qui sont encore dans son corps, & d'en faire
le choix à sa volonté ?

CLARICE. Je me charge de répondre à cette difficulté qui paroît importante à Hortense, parce
qu'elle fait l'honneur aux Guêpes
d'en faire comparaison avec nous.
La nature ayant décidé que la mere Guêpe ne pourroit être aidée
que par ses propres enfans, il é-
toit de sa sagesse de pourvoir à
ce que les premiers que la Guêpe

pe mettroit au monde, fuſſent les
plus capables de lui prêter les
plus utiles ſecours. Il eſt vrai-
ſemblable que dans ce deſſein elle a arrangé dans le corps de
l'Inſecte les œufs des différents
ſexes ſuivant l'ordre qu'ils de-
vroient obſerver à leur ſortie.

EUGENE. L'arrangement des
alvéoles paroît prouver la conje-
cture de Clarice. Rappellez-vous
qu'il y a ordinairement dans un
Guêpier quinze ou ſeize gâteaux;
que les Guêpes commencent par
celui d'en-haut, & que c'eſt toujours en deſcendant qu'elles les
conſtruiſent les uns après les autres. Or de tous ces gâteaux il n'y
a jamais que les quatre ou cinq
derniers qui contiennent des cellules à mâles & à femelles ; par
conſéquent ceux-ci ſont les derniers pondus. Un Guêpier ne ſe
peuple donc des deux ſexes qui
ſervent à la multiplication, qu'à

Tome II. E

Guêpes Souterrai- nes.

près avoir été pourvû d'un grand
nombre de mulets. Lorsque ces
mulets font parvenus à être en
nombre fuffifant pour exempter
la mere Guêpe de travailler avec
eux aux édifices publics, elle ne
s'occupe plus qu'à pondre dans
les alvéoles que l'on lui prépare, & à veiller fur fa poftérité;
elle ne fort plus du Guêpier pour
aller à la campagne chercher des
matériaux propres à bâtir, & des
vivres pour elle & pour fes petits, cela devient l'affaire des
feuls mulets. C'eft ici le lieu de
vous conter la naiffance de cette
jeune poftérité, & de vous dire
les foins & les attentions que la
mere & les fils aînés ont pour elle. Chaque œuf eft feul dans fa
cellule, il eft blanc, tranfparent,
de figure oblongue, & plus gros
par un bout que par l'autre; il eft
collé au fond de la cellule; quoique récemment pondu, on ne le

quitte prefque point de vûe, les Guêpes le vifitent plufieurs fois le jour, il eft cher à fes freres autant qu'à fa propre mere. Ces tendres attentions continuent pendant environ huit jours, après lefquels un ver fort de cet œuf. Les foins redoublent alors, mais des foins d'une autre efpéce. On court à la campagne lui chercher de quoi vivre. Des fruits, des infectes, de la chair font fa nourriture. Néanmoins j'ai des raifons de croire que pendant les premiers jours qui fuivent fa naiffance, on ne lui offre que le fyrop des fruits, & le jus des viandes, ou des hachis. J'ai furpris des mulets qui les mâchoient pour leur donner une premiere digeftion, & les dégorgeoient enfuite aux petits, comme font les oifeaux. Mais peu-à-peu on l'améne au point de prendre des nourritures plus folides, & de manger des

E ij

ventres d'infectes, & même de
la viande crue. Ce que je viens
de vous dire d'un œuf & d'un ver,
je le dis de tous. Les empreffe-
mens de la mere & des mulets
pour fatisfaire les befoins de ces
petites créatures, font incroya-
bles. On ne peut s'empêcher d'ad-
mirer la vivacité avec laquelle ils
fe portent par-tout à leur fecours.
C'eft auffi un petit fpectacle affez amufant de voir ces vers a-
vancer la tête hors de leurs cellules, & par de petits baillemens
demander la becquée ; les vers
devenus affez gros pour remplir
leurs cellules, font en état de fe
métamorphofer.

CLARICE. Je vous interromps
un moment pour vous demander
l'éclairciffement d'une difficulté
qui pourroit m'échapper. Cette
fabrique de papier, l'arrangement
régulier des gâteaux, ces colomnes qui ont bafes & chapiteaux,

la figure exacte des cellules hexa-
gones, les foins que l'on prend
des petits vers, les vifites que
l'on leur rend, la becquée que
l'on leur donne, tout cela, & plufieurs autres chofes que vous
nous avez fait voir, ne me femblent pas pouvoir être l'ouvrage
d'une troupe d'aveugles. Cependant vos Guêpes dans cette caverne profonde où elles exécutent tous ces travaux, font dans
les plus épaiffes ténébres. Comment l'entendez-vous ?

CLARICE. Vous voilà bien
embarraffée, elles font tout cela
fans voir.

EUGENE. Je ne me tirerai pas
de cette difficulté auffi gaiement
qu'Hortenfe. Je fuppoferai ce
qu'il feroit difficile de nier, c'eft
que les animaux qui travaillent
fous terre, comme ceux qui habitent dans l'intérieur des arbres,
& des bois morts, ou autres ma-

E iij

Guêpes
Souterrai-
nes.

tières solides, les Abeilles qui logent sous des Ruches, & les Guêpes qui demeurent dans ces som-
bres cavernes, ne sont point privés de la lumiere, qu'ils y en trouvent assez pour leur usage. Nous
nous tromperions beaucoup , si
nous voulions mesurer les organes des bêtes sur les nôtres. Personne n'ignore que le chien a l'o-
dorat infiniment plus fin que
nous, l'aigle a la vûe bien plus per-
çante. Si l'air qui est beaucoup
plus grossier que la lumiere, passe
par les pores du bois & de la terre, comme l'expérience le prouve, pourquoi la lumiere , qui est
beaucoup plus déliée, n'y passe-
roit-elle pas ? Mon sentiment est
qu'il en passe assez pour éclairer
ces animaux, & que la délicatesse
de leur organe supplée à la petite
quantité de rayons lumineux qui
percent la terre & les autres
corps, & qui parviennent jusqu'à
eux.

CLARICE. Je trouve dans cette réponse de quoi me contenter. Je vous raménerai donc à l'endroit où je vous ai interrompu. Vous en étiez aux vers prêts à se métamorphofer.

EUGENE. Les vers devenus affez gros pour remplir leur cellule, font en état de fonger à leur métamorphofe. N'ayant plus befoin de nourriture, ils bouchent leurs alvéoles avec un couvercle de foie qu'ils filent, comme les Vers à foie filent leurs coques. Ceux qui doivent devenir mulets, font ces couvercles prefque plats, & ceux qui feront femelles & mâles étant plus grands, allongent un peu les bords de leurs cellules, & donnent de la convexité aux leurs. Les uns & les autres tapiffent auffi l'intérieur avec la même étoffe. Après quelques jours de repos & de tranquillité dans cette étroite prifon

E iiij

Guêpes Souterraines.

Guêpes
Souterrai-
nes.

où ils se sont renfermés eux-mêmes, ils se transforment en Nymphes. L'état de Nymphe est une
espéce de sommeil, pendant lequel la nature prépare l'Insecte
à un nouveau genre de vie, & à
de nouvelles fonctions. Nos
Nymphes restent dans cet état
encore huit ou neuf jours, lesquels écoulés elles se dépouil-
lent de leur enveloppe, & paroissent sous la forme de Mouches. Le premier ouvrage d'une
Mouche nouvellement débarras-
sée de ses vêtemens de Nymphe, est de ronger son couvercle tout autour, & puis de le
pousser dehors, comme on fait
une porte ; alors elle est libre,
c'est une Guêpe à qui rien ne
manque, & qui va sur le champ
chercher à vivre. Les vivres des
Guêpes, la maniere dont elles
en font la récolte, celle dont elles les distribuent, ne sont pas les

articles les moins curieux de leur hiſtoire. Nos Guêpes Souterraines ne s'entretiennent point du travail de leurs mains, elles ne font que des pillards, qui ſemblent nés pour vivre à nos dépens : nos fruits, nos viandes même les plus groſſieres, & ces Mouches précieuſes qui nous fourniſſent le miel & la cire, ſont la nourriture après laquelle elles courent le plus volontiers.

HORTENSE. Je comprends par-là qu'il leur faut de la groſſe viande, du gibier & du fruit. Cela fait chère complette.

CLARICE. Quand il n'en coûte que la peine de piller impunément, & qu'on ne craint pas la mauvaiſe renommée, il eſt aiſé de faire bombance.

EUGENE. Vous connoiſſez tels des nôtres qui ſont de vraies Guêpes ſur cet article. Mais comme nos avis ne les corrigeront

Guêpes
Souterrai-
nes.

pas, je reprends mon propos. Je vous ai annoncé nos Mouches comme des bêtes de proie, car-nacieres, anthropophages, qui ne se font aucun scrupule de man-ger leurs semblables, & de piller par-tout. Elles font une guerre cruelle à toutes les autres Mou-ches. J'ai vû plusieurs fois une Guêpe fondre comme un éper-vier sur une innocente Abeille qui passoit son chemin, la porter par terre, & à force de coups de dents lui séparer le corps en deux parties; elle emportoit à son nid toute la partie postérieure, où elle sçavoit qu'elle trouveroit des intestins & du miel, qui sont ap-paremment pour elle un mets plus de son goût que les écailles & les muscles du corcelet. Elles ne se contentent pas de ce petit gibier, elles veulent vivre avec nous, & partager nos viandes: elles n'at-tendent pas toujours qu'elles foient fur nos tables ; elles vont à la fource. On les voit en grand nombre dans les boutiques des Bouchers de campagne, où elles coupent des morceaux quelquefois fi pefans, qu'elles font obligées de fe repofer à terre. Lorfqu'elles fe font attachées fur une piéce de bœuf ou de veau, c'eft avec un tel acharnement, qu'elles ne connoiffent plus ce qui fe paffe autour d'elles, on pourroit facilement les y tuer avec la main fans craindre leurs aiguillons.

CLARICE. Les Bouchers profitént fans doute de cette circonftance pour les détruire.

EUGENE. Il y en a dans nos campagnes qui fans s'amufer à les tuer l'une après l'autre, fe mettent à couvert de leurs ravages par une voie plus fûre & mieux entendue. Ils laiffent fur l'appui de leurs boutiques un foie de veau, ou une ratte de bœuf. Les

Guêpes qui préfèrent ces morceaux, parce qu'ils font plus tendres & plus aifés à couper, s'y
arrêtent, & ne touchent plus au
refte, on a même reconnu par la
fuite un autre avantage de cette
libéralité ; (car la libéralité faite à
propos eft un fonds qui rapporte
prefque toujours avec ufure) c'eft
que ces groffes Mouches bleues
qui dépofent fur la viande leurs
œufs, d'où fortent des vers qui
la font corrompre plus vîte, n'o-
fent plus entrer dans une bouti-
que où elles apperçoivent leurs
plus cruelles ennemies. Ainfi
moyennant une ratte de bœuf,
ou un foie de veau qu'un Bou-
cher confacre par jour, il confer-
ve nos viandes contre les infultes
des Mouches étrangères, & contre les Guêpes mêmes.

HORTENSE. Cela eft très-bien
imaginé, mais pourquoi ceux
des villes n'en font-ils pas autant?

EUGENE. C'eſt que communément les Guêpes Souterraines
n'habitent que les campagnes,
& entrent rarement dans les villes. Je n'ai pas beſoin de m'étendre ſur le dégât qu'elles font dans
nos fruits, ni ſur l'inquiétude
qu'elles cauſent ſur nos tables,
l'un & l'autre vous ſont aſſez connus. Mais enfin après qu'elles ont
pris un bon repas, ſoit dans nos
boucheries, ſoit dans les champs,
& qu'elles ſe ſont chargées de
proie, les mulets, (car c'eſt d'eux
ſeuls dont il s'agit) retournent au
Guêpier. A leur arrivée, ils ne
manquent pas de faire part de ce
que leurs courſes leur ont produit. Les femelles, les mâles, les
petits vers, & même d'autres mulets qui pour avoir été occupés
dans l'intérieur, n'ont pû vaquer
aux affaires du dehors, participent
aux larcins. Pluſieurs Guêpes s'aſ-
ſemblent autour du mulet qui

vient d'arriver, & chacune prend
sa portion de ce qu'il a apporté.
Cela se fait de gré à gré, sans combat, ni dispute. Ceux qui ont été
à la chasse des fruits, n'en apportent que le syrop. J'en ai vû qui
après être entrés dans la Ruche,
se posoient tranquillement sur le
dessus du Guêpier ; alors ils faisoient sortir de leur bouche une
goutte de liqueur claire, c'étoit
un signe que l'on entendoit bien;
une, & quelquefois deux Mouches venoient à l'instant sucer a-
videment cette gouttelette, qui
étoit aussi-tôt suivie d'une seconde, puis d'une troisiéme, & s'en
régaloit qui vouloit. A l'égard
des petits vers qui ne peuvent
quitter leurs cellules pour aller
chercher leur nécessaire, la mere
& les mulets s'empressent de leur
porter la becquée. Voilà tout ce
que je puis vous dire sur l'article
des vivres.

HORTENSE. Il y manque un point essentiel. Comment s'y prend-on dans les Guêpiers, lorsque de longs orages, ou des pluies qui durent quelquefois plusieurs jours, comme il en arrive en Eté, les empêchent de sortir, & d'aller chercher leur nourriture à la campagne ? Guêpes Souterraines.

EUGENE. On jeûne.

HORTENSE. L'expédient est simple.

CLARICE. C'est cependant le dernier dont je me serois avisée. Cela me fait ressouvenir de ce que j'ai oüi dire des Russes. Lorsque leurs soldats sont en campagne, & que les vivres viennent à manquer tout à coup, leurs Prêtres avertis secrettement de la disette inopinée, indiquent un jeûne. Je pense qu'à l'égard d'un Guêpier il n'y faut point d'autre proclamation, que de voir les pourvoyeurs oisifs. D'où je con-

clus que les Guêpes ne font
point de provisions comme en
font les Abeilles.

EUGENE. Elles n'en font aucune. A chaque jour suffit son
larcin. Aussi je crois que cette
imprudence y est souvent punie
par la famine ; ce qui est communément le fort des larrons, quand
il ne leur arrive pas pis. Jusqu'à
présent je ne vous ai parlé d'un
Guêpier, que comme n'ayant
encore que la mere fondatrice de
la petite république, & un grand
nombre d'ouvrieres, ou mulets
qui naissent tous les jours pour
renforcer son ménage, & satisfaire aux besoins d'un peuple qui
devient nombreux. Cela dure
ainsi depuis le Printems jusqu'à
la fin du mois d'Août, tems où
la Mere Guêpe commence à
donner la naissance à des mâles
& à des femelles. Les Mulets
qui l'ont prévû, lui ont préparé
pour

pour cela les quatre ou cinq derniers gâteaux, qui ne font compofés que de cellules propres à
contenir les deux fexes; car ceux-
ci étant beaucoup plus grands que
les Mulets, il leur faut auffi des
cellules plus fpacieufes. C'eft
donc vers la fin du mois d'Août,
& dans le commencement de
l'Automne, qu'un Guêpier peut
paffer pour complet; & que la
République eft pourvûe de trois
efpéces d'Habitans qui doivent
la compofer. Un Guêpier qui a
tous fes gâteaux, a quelquefois
plus de feize mille cellules, &
comme les Meres Guêpes pondent fouvent deux œufs & même
trois fucceffivement dans une
même cellule, nous pouvons
compter de voir à la fin de l'Eté,
jufqu'à trente mille Habitans au
moins, qui font tous en plein
travail, chacun fuivant fon âge,
fon génie, & les talens que la

Tome II. F

nature lui a donné, & dont je
vais vous faire un court détail.
La Mere primitive qui s'étoit te-
nue renfermée pendant les mois
de Juin, Juillet & Août pour faire cette prodigieuse ponte, re-
commence à sortir vers le mois
de Septembre, & avec elle les
mâles & les femelles nouvellement nés. Chacun veut joüir de
la lumiere, & prendre ses repas
de la premiere main. On court
aux champs, on revient à la ville, tout fourmille; nos marchés
les plus fréquentés ne présentent
pas l'image d'un Peuple plus vif
& plus empressé. Leurs fonctions
dans l'intérieur du Guêpier sont
différentes, suivant la condition
des personnes. Je vous ai déja
parlé des Mulets, comme de
ceux qui sont chargés des gros
ouvrages, de bâtir, de réparer,
d'aller à la chasse, au pillage,
d'apporter des provisions à la vil-

le. Les mâles, comme tous les mâles des Mouches à aiguillon, font privés de cette armure. Il semble que cette privation les rend plus mous & plus lâches. Ils ne font pas tout-à-fait auffi pareffeux que ceux des Mouches à miel, ils ont quelques emplois ; mais ce font des emplois qui ne vous paroîtront pas nobles. Ils ne mettent point la main aux bâtimens, on ne les occupe, pour ainfi dire, qu'à de menus ouvrages, comme de tenir le Guêpier net, d'emporter les ordures, de jetter dehors les corps morts. Ces cadavres font de lourds fardeaux pour eux ; deux mâles font quelquefois obligés de joindre leurs forces enfemble pour en traîner un. Quand un mâle fe trouve feul pour transporter un corps mort qui lui paroît trop pefant, il a recours à un moyen qu'on ne foupçonneroit pas d'un

Guêpes Souterraines.

Infecte, il en fait à deux fois ; il lui coupe la tête, la fépare du corps, & tranfporte les deux parties, l'une après l'autre. Voilà à peu près à quoi fe réduifent tous leurs emplois, qui en feroient de bas domeftiques, fans l'importante fonction de contribuer à la multiplication.

CLARICE. Les Guêpes pourroient bien n'avoir pas une fi haute idée que les hommes, de cet important privilége de concourir à la multiplication de l'efpéce. Le mélange qu'elles font de cet avantage avec les plus bas offices, pourroit me le faire croire, & je ne voudrois pas les accufer de mal juger.

EUGENE. Les Guêpes ont leur façon de penfer, fi elles penfent, qui eft proportionnée au rang qu'elles tiennent dans le monde. Vous ne voudriez pas vivre de larcins comme elles, pourquoi

voudriez-vous penſer de même ? Guêpes Souterraines.
Les femelles ſont plus actives
que les mâles. Elles mettent la
main à tout ; mais la ponte eſt le
plus eſſentiel de leurs devoirs.
Elles ont été miſes en état d'y ſa-
tisfaire de la même maniere que
les autres animaux. Elles n'ont
pas apparemment mérité une diſ-
tinction pareille à celle de la Rei-
ne des Abeilles. C'eſt donc dans
le mois de Septembre que l'on
voit des milliers de Mulets, deux
ou trois cens mâles, & autant de
femelles. Les trois ordres de la
République ſont tous alors en
action, & le Peuple preſqu'in-
nombrable. S'il vous arrivoit
quelque jour d'être tentée de
voir un Guêpier dans ſa force,
& dans ſon brillant ; c'eſt dans ce
mois qu'il faudra lui rendre vi-
ſite.

HORTENSE. Je crois que vous
voudrez bien me diſpenſer de ce

devoir de civilité, dont je pourrois être fort mal payée.

EUGENE. Il n'eſt point d'obli-
gation. Malgré la concorde &
l'union qui paroît dans un Guêpier, la paix n'y regne pas toujours. Il y a ſouvent des combats de Mulet contre Mulet, de
Mulet contre Mâle. Ces derniers
plus timides & plus poltrons, ſe
tirent ordinairement d'affaire par
la fuite. Cependant ces querelles
vont rarement à la mort. Nos
Guêpes ſont moins cruelles &
moins vives dans ces occaſions
que les Abeilles ; mais il vient un
tems où la barbarie prend le deſ-
ſus, & où ce Royaume ſe ren-
verſe de lui-même, & ſe détruit
de fond en comble.

HORTENSE. Vous m'apprenez
une bonne nouvelle ; car la prodigieuſe fécondité de ces Harpies commençoit à m'effrayer.

CLARICE. Pour moi je n'en

DES INSECTES. 71

craignois rien ; je fuis préfentement au fait des bornes que la
Nature fçait mettre à ces inon-
dations.

EUGENE. Vous en allez voir ici
un exemple remarquable. Lorfque l'on voit au mois de Septembre, un Guêpier dans fa force, fourni d'une jeuneffe vive &
bruyante, d'un nombre confidérable de mâles & de femelles
dans toute la vigueur de l'âge,
qui ne fongent probablement qu'à
peupler, objet unique des Infectes qui ont fubi leur derniere
métamorphofe, on peut avec raifon en être effrayé ; fur-tout fi
l'on penfe qu'il y a là deux ou
trois cens femelles prêtes à mettre au monde chacune vingt-cinq
ou trente mille enfans. On ne croiroit pas, à voir un tel Guêpier,
qu'il fût fi près de fa fin, il y touche cependant pour notre repos,
& le falut de bien des êtres vivans.

Guêpes
Souterrai-
nes.

CLARICE. Si le moment où la puissance de Charles-Quint présentoit des fers à l'Allemagne étonnée & presque vaincue, fut celui du commencement de la décadence de son empire, nous ne serons plus surprises de voir un Guêpier au faîte de ses prospérités, tomber de lui-même sous le poids de sa grandeur.

EUGENE. Voilà une comparaison bien glorieuse pour les Bêtes ; mais il y aura quelque différence dans la promptitude de leur chûte, & dans leurs causes. Un mois ou six semaines, tout au plus, font la durée des beaux jours de notre République souterraine. Vers le commencement d'Octobre, il se fait dans chaque Guêpier, un singulier & cruel changement de scène. Il semble qu'un esprit de vertige & de fureur s'en empare tout-à-coup. Ces Nourrices si tendres, si attachées,

chées, deviennent en un mo- ment des marâtres impitoyables. Les Mâles & les Mulets se jettent dans toutes les cellules, en arrachent les œufs, & les petits vers sans distinction de sexe ni d'âge, les tuent, les exterminent, & les dispersent au loin comme des objets d'horreur. Lorsque toute cette espérance de l'état est périe, les Peres & Meres, les Mulets même ne font plus que languir. Les premiers froids de l'Automne les surprennent, les affoiblissent. S'il survient par hazard quelques rayons de Soleil, qui réchauffent l'air, on les voit encore se rassembler sur le Guêpier, comme pour joüir pendant quelques momens des douceurs de cet Astre bienfaisant, qui va bientôt s'évanoüir pour eux; mais à mesure que l'Hyver approche, ils perdent jusqu'à la force de poursuivre la proie, & de cher-

Tome II. G

Guêpes
Souterrai-
nes.

cher leur nourriture. D'autres
Mouches qui n'auroient point auparavant ofé les regarder, viennent les infulter jufques dans leur
Guêpier. Enfin tout ce Peuple
difparoît peu-à-peu ; le froid fait
tout périr, Mâles & Mulets fans
exception. A l'égard des femelles qui font plus robuftes, elles
y réfiftent mieux ; foit dans le
Guêpier même, foit dans des
trous de murs, elles fe mettent à
couvert des rigueurs de l'Hyver.
Comme elles ont toutes pris la
précaution pendant leurs beaux
jours de fe rendre capables de
perpétuer l'efpéce, c'eft fur elles
feules qu'eft fondé le retour d'u-
ne nouvelle République. Malgré
cependant leur tempérament vigoureux, il en périt encore beaucoup que le froid va chercher jufques dans leurs retraites les plus
cachées. Enfin, celles qui ont
été affez heureufes pour trouver

le meilleur abri contre les injures
de l'air, y paſſent l'Hyver ſans
manger, pour reparoître au Printems ſuivant; & donner la naiſſance à un Peuple nouveau. Ainſi je finirai mon hiſtoire par où je
l'ai commencée. C'eſt au Printems, qu'une Mere Guêpe échappée aux fureurs de l'Hyver, ſon-
ge à mettre au monde une nom-
breuſe poſtérité.

Guêpes Souterraines.

HORTENSE. Je ne m'attendois
pas à trouver des faits ſi rares dans
l'hiſtoire d'un Inſecte, qui ne
m'avoit inſpiré juſqu'ici, que
de la crainte ou du mépris.

EUGENE. Nous pouvons craindre les Guêpes à cauſe des piquûres douloureuſes dont elles
peuvent nous affliger, à cauſe du
ravage qu'elles font dans nos
fruits, & de leur familiarité trop
indiſcréte; mais ne les mépriſons
point, puiſqu'elles ont l'honneur
d'être comme nous, l'ouvrage

G ij

des mains du même Maître.

CLARICE. Sans manquer au respect qui est dû à une si illustre origine, ne pourrions-nous pas nous débarrasser de leur fâcheux voisinage ?

EUGENE. Je n'en ferois pas de scrupule. Le moyen même en est facile. Quand on a découvert la demeure d'un Guêpier, il n'y a qu'à attendre que l'approche de la nuit ait fait rentrer toutes les Mouches qui étoient dehors ; alors on fait couler par le trou qui leur sert d'entrée, une suffisante quantité d'eau bouillante, puis on rebouche le trou. On peut encore se servir, comme j'ai fait, d'une méche souffrée & allumée qu'on introduit jusqu'au fond du Guêpier. Il ne me reste plus rien à vous dire sur cette matiere, à moins que vous n'ayez quelque chose de plus à me demander.

CLARICE. Il me semble qu'il

reſte encore deux claſſes de Guê- pes; ſçavoir, de celles qui vivent en plein air, & de celles qui ſe logent dans des greniers, ou dans des troncs d'arbres, que vous nommez *Frelons*. Leur hiſtoire n'auroit-elle point auſſi quelque mérite qui nous feroit inconnu ?

EUGENE. S'il y a un choix à faire parmi les Inſectes que l'on veut connoître, c'eſt ſans doute de ceux que la nature a mis ſous nos yeux, qui ſemblent vouloir faire ſociété de biens avec nous, ou qui par leur importunité s'attirent malgré nous notre attention, telles ſont les deux claſſes dont vous me parlez; mais ce ſera pour le premier jour. Je vous préviens cependant d'avance que leur hiſtoire ſera courte, parce que ces deux eſpéces ont une infinité de choſes communes avec les Guêpes Souterraines. Je ne vous parlerai donc que de celles

Guêpes
Souterrai-
nes.

en quoi elles diffèrent effentielle-
ment. Je vous dirai auffi un mot
en paffant de certaines Guêpes
étrangères, qui font du carton fi
beau, fi blanc, & fi ferme, qu'il
eft capable de faire honte à celui
que fabriquent nos plus habiles
Ouvriers.

XI. ENTRETIEN.

Des Guêpes nommées Frelons, qui vivent dans des troncs d'arbres & dans les Greniers ; de celles qui établissent leurs nids en plein air, & de celles qui font de très-beau carton.

EUGENE, CLARICE, HORTENSE,

HORTENSE. JE vous avouerai desGuêpes. franchement que je crois sentir quelque changement dans mon esprit & dans ma façon de penser, depuis nos derniers Entretiens. Mes yeux me paroissent plus nets, plus perçans ; il me semble que je vois mieux ce que je vois, & mille choses que je ne voyois point auparavant ; vous-mêmes, je vous vois plus distinctement. Qu'il pas-

desGuêpes. se sous mes yeux une Mouche,
un Moucheron, ou le moindre
petit volatile, je lui demande s'il
n'est point de notre connoissance ; je suis tentée de le saisir. J'en
vois en songe, j'y pense en veil-
lant, je me remplis d'idées nouvelles ; les réflexions s'accumu-
lent, je deviens rêveuse. N'allez
pas au moins me faire perdre ma
bonne humeur.

CLARICE. Nous ne voulons
qu'en changer l'objet ; & au-lieu
de ces passe-tems frivoles & légers, qui n'ont qu'une pointe pas-
sagère, toujours suivie d'un
prompt dégoût, cause ordinaire
de notre inconstance dans les
plaisirs, vous faire prendre du
goût pour des beautés réelles,
presque divines, qui en remplissant votre ame d'admiration, la
pénétreront d'une douce joie à la
vûe de tant de merveilles, instrui-
ront votre esprit, & perfectionne-
ront votre jugement.

HORTENSE. Voilà des promesses bien séduisantes. Mais comment concevez-vous que la connoissance des choses naturelles peut perfectionner le jugement? car les changemens que je vous ai dit se faire dans mon esprit, ne me montrent rien de bien exact.

EUGENE. Laissez-les faire ; le tems leur donnera toute la maturité dont ils ont besoin, leurs progrès sont insensibles comme les accroissemens du corps dans la jeunesse ; ce n'est d'abord qu'un crépuscule, un demi-jour, mais qui produira bientôt des clartés dont votre ame ressentira d'utiles & d'agréables effets.

CLARICE. J'ajouterai à la réflexion d'Eugène un trait de ma derniere lecture. Je lisois ce matin dans l'Histoire Ancienne *, que Périclès, ce fameux Grec, aussi bon Philosophe que grand Capitaine, & sublime Orateur, de-

* Rollin, Hist. Anc. Tom. III.

des Guêpes. voit la meilleure partie de son mérite à la connoissance de la nature. « Anaxagore, (ce sont les » paroles de M. Rollin) instruisit » Périclès de cette partie de la » Philosophie qui regarde les choses naturelles. Cette étude lui » donna une force & une éléva- » tion d'esprit extraordinaire ; & » au-lieu des basses & timides su- » perstitions qu'engendre l'igno- » rance, lui inspira une piété so- » lide à l'égard de la Divinité, » accompagnée d'une fermeté » d'ame assûrée. »

HORTENSE. Ce sont-là de grands avantages. Mais je n'ai aucune tentation de devenir sublime Orateur, ni grand Capitaine.

EUGENE. Vous ne serez pas fâchée du moins que l'on vous donne les moyens de rendre votre ame forte & constante, que l'on nourrisse votre piété, que l'on déracine de votre esprit tou-

desGuêpes.

tes les femences de fuperftitions & de préjugés que l'ignorance, dans laquelle nous naiffons tous, eft toujours prête d'y faire germer, & qui corrompent le jugement. Souvenez-vous de ces rouleaux de feuilles, auxquels vous donniez, il y a quelques mois, un auteur fi ridicule, au-lieu d'y reconnoître la main du Tout-puiffant.

HORTENSE. Il eft vrai que j'en ai aujourd'hui quelque honte. Laiffons-là le paffé, & travaillons pour l'avenir.

EUGENE. Ce que j'ai à vous apprendre préfentement, n'augmentera pas beaucoup vos lumieres. Il ne fera queftion que d'animaux affez femblables à ceux que nous vîmes le dernier jour, & qui forment les deux autres claffes des Guêpes qui vivent en fociété. Elles vous offriront peu de nouveautés. Il eft cependant à propos

desGuêpes. de les connoître, & de sçavoir où
elles habitent; parce que les unes
se trouvent assez souvent dans notre chemin , & que l'on peut rencontrer la demeure des autres devant laquelle il sera toujours pru-
dent de passer avec discrétion. Ce
n'est pas que ces deux espéces ,
non plus que les Guêpes Souterraines , aillent attaquer de sang-
froid les passans , & ceux qui ne
leur disent mot , mais comme elles ne se connoissent pas beaucoup en gestes , & qu'il pourroit
vous en échapper de tels en leur
présence, qu'elles les prendroient
pour insultes, il est bon que vous
en soyez averties. Ceux même
que vous ne feriez qu'à dessein
de les chasser , seroient dange-
reux, parce qu'à la façon des ti-
gres & des lions, elles reviennent
sur le coup du Chasseur. Or le
Frelon. Frelon, qui est une des deux espéces dont il va être question,

Frelon.

fait des piquûres terribles & presque meurtrieres. Nous en avons
un exemple qui nous vient de
bonne part. Il arriva un jour à un
saint & sçavant Solitaire *, qui
croyoit avec raison trouver des
sujets de perpétuer ses adora-
tions, en remplissant l'intervalle
des devoirs de son état, par l'é-
tude des Insectes ; il arriva, dis-
je, qu'ayant troublé imprudem-
ment des Frelons dans leur nid,
un d'eux se jetta sur lui avec furie,
& lui fit une piquûre si vive & si
pénétrante, qu'il en perdit sur le
champ la connoissance, & presque l'usage des jambes ; ce ne fut
qu'avec bien de la peine qu'il re-
gagna sa cellule, où il eut la fié-
vre pendant deux ou trois jours.

*D. Allou,
Chartreux.

HORTENSE Voilà vraîment
une assez fâcheuse avanture. Ce
Frelon discourtois paya mal la
sainte curiosité du bon Pere.

EUGENE. Il faut dire aussi que

Frelon. le bon Pere prit mal fon tems ; car vous fçaurez que les Frelons ne font fi redoutables que pendant les grandes chaleurs ; hors de ce tems , & dans des jours frais comme celui-ci, ils font très-pacifiques. Cependant comme vous ne me paroiffez pas d'humeur d'aller les relancer dans leurs trous. . . .

HORTENSE. Après l'avanture que vous venez de nous conter, je n'irois pas au plus fort de l'Hyver.

EUGENE. Vous n'aurez donc que des defcriptions & des deffeins, tant pour eux que pour les Guêpes Aériennes, c'eft-à-dire, celles qui font leurs gâteaux en plein air. Les Frelons font de véritables Guêpes, & des plus grandes de ce pays *. Leurs gâteaux * PLANC. X. Fig. I. font difpofés de la même maniere que ceux des Guêpes Souterraines ; ils font couverts de même d'une enveloppe commune, comme vous le voyez dans ce deſſein-ci *, qui vous repréſente un nid commencé. Cet autre * eſt un nid dépouillé de ſon enveloppe, pour vous faire voir les colomnes ou liens, qui ſont plus hauts, plus maſſifs, & encore moins réguliers que ceux des Abeilles Souterraines. La colomne du centre * ſurpaſſe conſidérablement toutes les autres en groſſeur. L'enveloppe des gâteaux, les gâteaux mêmes & les colomnes, ſont tous faits de la même matiere, qui eſt une eſpéce de fort mauvais papier, plus épais à la vérité que celui des Guêpes Souterraines, mais cependant plus aiſé à caſſer; il n'eſt point flexible, auſſi n'eſt-il point fait de filamens ou fibres du bois. Le Frelon égruge, pour ainſi dire, le bois avec ſes dents, & le réduit en grains comme de la ſciûre, à

Frelon.

* Ib. Fig. 2.
* Ib. Fig. 3.

* Ib. Fig. 3.
Let. P.

Frelon. laquelle il donne du corps par le moyen d'une liqueur qu'il fait sortir de son estomac. La couleur de ce papier tire sur la feuille-morte. Le Frelon étant de sa nature assez mauvais artiste, son papier ne seroit pas capable de ré-sister à la pluie & au vent; mais il sçait se mettre à couvert des orages. C'est quelquefois dans des trous de vieux murs, aux solives des greniers, ou dans des lieux pareils & peu fréquentés, qu'il attache son nid. D'autres Frelons, & ceux-ci font le plus grand nombre, se nichent dans des troncs d'arbres, dont l'intérieur est creux & pourri. L'entrée de leur Guê-pier est un trou percé à côté de l'arbre, & qui traversant le vif du bois, vient sortir par l'écorce. C'est par-là qu'on les voit sortir & entrer. Ils volent communé-ment autour de cette ouverture avec un murmure menaçant,

comme

comme pour en défendre l'entrée. Cette Guêpe eſt infiniment
ſupérieure en force à toutes les
autres ; elle en feroit une furieuſe
déconfiture, ſi la nature n'avoit
pas mis un frein à ſa voracité, en
ne lui donnant qu'un vol lourd,
accompagné d'un bruit qui avertit de loin les autres Inſectes de
l'approche du plus redoutable de
leurs ennemis. Elle vit de carna-
ge, & en entretient ſa famille
comme les autres Guêpes. Semblable encore à celles-ci, un Guêpier de Frelons commence au
Printems par une ſeule mere qui
ſe pourvoit d'abord d'un bon
nombre d'ouvriers, ou mulets,
qui vivent & travaillent avec elle juſqu'au mois de Septembre.
C'eſt alors, & auſſi-tôt après que
les grandes cellules ſont finies,
que les mâles & les femelles commencent à naître. Leur vie, leurs
travaux, les ſoins de leur famille,

Tome II. H

Frelon. le paſſage de la tendreſſe maternelle à la plus cruelle barbarie,
la mort des uns & des autres, &
enfin le terme de ce peuple farouche, ſont les mêmes dans l'u-
ne & l'autre République. Ainſi
je ne vous en entretiendrai pas
davantage. Je crois que ce peu
ſuffit à l'intérêt que vous me pa-
roiſſez y prendre.

HORTENSE. Il eſt vrai que
cet intérêt n'eſt guère que celui
de notre propre ſûreté. Puiſque
les Frelons ne ſçavent ni nous
plaire, ni nous inſtruire, je les
crois peu dignes d'un plus long
examen. Je ſuis contente d'en a-
voir entendu parler, & de ſçavoir
où on les trouve, afin de ne m'y
pas trouver.

Guêpes Aériennes. *CLARICE.* Les Guêpes Aériennes ſeront peut-être plus curieu-
ſes.

EUGENE. Un peu moins. Vous
n'aurez d'elles que leur portrait,

& celui de leurs gâteaux, avec quelques légères circonſtances. Les Guêpes Aériennes ſont la plus petite eſpéce de toutes celles qui vivent en ſociété. Ces deux figures * vous en repréſen- * Planc. XI. Fig. 3. & 6. tent une volant, afin que vous puiſſiez voir facilement le filet qui partage le corps des Guêpes en deux parties ; & l'autre eſt telle qu'elle ſe préſente, lorſqu'elle eſt en repos. Elles attachent com- munément leurs nids, ſoit à une branche d'arbre, ſoit à une paille de chaume qui eſt encore debout ſur terre, ſoit à une plante ; j'en ai trouvé attachés contre des murs, & dans des buiſſons. La poſition de leurs gâteaux eſt diffé- rente de celle des autres. La vûe des deſſeins * ſuffira pour vous la * Planc. XI. Fig. 1. 2. & 3. faire connoître. La figure vous fait voir un gâteau par derriere ; il eſt attaché à une branche par un lien qui lui tient lieu de main

H ij

& de bras. La figure 1. est un pe-
tir Guêpier, attaché à une paille;
& la figure 3. est un autre Guêpier, du milieu duquel en sort
un second plus petit, & qui s'a-
vance en saillie. Ils font tous pofés verticalement. La Nature
qui se plaît à varier ses ouvrages,
a voulu que les Guêpes Aériennes nous paruffent se tromper
dans le choix des places où elles
s'établiffent. En effet, on est porté à croire qu'elles y font expofées à toutes les injures de l'air,
d'autant qu'elles ne sçavent pas
se faire, comme les autres, un pa-
villon qui les mette à l'abri des orages: mais vous trouverez toujours
que dans tous les cas où la Nature a jugé à propos de priver certains animaux des secours qu'elle
a donné à d'autres pour se défendre contre des accidens qui leur
font communs, elle a sçu y suppléer par d'autres voies. Nos pe-

tites Guêpes qui s'établissent au
milieu des champs, ne sçavent
pas à la vérité s'envelopper d'une
couverture, mais elles sçavent
donner à leurs gâteaux une position qui les en dispense, & qui
les garantit parfaitement des accidens qu'elles auroient à craindre des pluies. Si leurs cellules
eussent présenté leurs ouvertures
vers le ciel, elles auroient été
bientôt inondées d'eau; si elles
eussent été tournées en en-bas,
comme celles des Guêpes & des
Frelons, l'eau auroit séjourné sur
la surface opposée, & en dé-
trempant leur papier, eût fort in-
commodé leurs petits. Elles évi-
tent tous ces inconvéniens par la
position verticale de leurs gâteaux, en y ajoutant deux précautions qui achévent de donner
à leurs habitations toute la sûreté
dont elles ont besoin. Vous voyez
la première de ces précautions

dans ce dessein qui vous représente une portion de gâteau *. Remarquez que ces cellules sont faites en forme d'entonnoirs, qui, posés les uns sur les autres, paroissent diriger leurs petits bouts vers un centre commun, ce qui les fait baisser d'un côté, pendant que les bouts opposés s'élévent. Ainsi la pluie ne peut tomber dessus que comme sur un toît, & n'y peut séjourner. La seconde précaution est de jetter un vernis sur leur papier, comme nous faisons sur les choses que nous voulons garantir de l'humidité. Mais ce vernis est si bon, qu'ayant laissé tremper pendant plusieurs jours quelques-uns de ces nids dans l'eau d'une carasse, comme on y met des bouquets, ils n'en ont été nullement altérés ni ramollis. Elles ont encore une pratique de tendresse maternelle que j'ai vû souvent & avec plaisir. Hors les tems deftinés à aller chercher leur nourriture , & celle de leurs petits, elles font continuellement fur leur nid , la nuit auffi bien que le jour; elles fe tiennent pref- que toujours derriere , & comme en fentinelle ; la pluie même ne les chaffe pas , elles en font quit- tes pour fe mettre deffous. La pâture qu'elles apportent à leurs petits , m'a paru à la vûe & au goût, être des entrailles d'Infec- tes, qu'elles égorgent apparem- ment fur le lieu même où elles les attaquent, pour ne fe charger que du néceffaire. On voit la me- re arriver des champs avec une groffe boule de cette matiere , qu'elle porte auffi-tôt d'alvéole en alvéole, jufqu'à ce qu'il ne lui en refte plus. Elle ne quitte tous ces foins que lorfque tous les petits vers ont bouché eux- mêmes leur nid d'un couvercle de foie brune , pour fe mettre en

Guêpes
Aériennes.

Nymphes. Toutes ces eſpéces de Guêpes ne font pas des ſociétés auſſi nombreuſes que les Souterraines, mais leur vie & leurs occupations ſont au ſurplus à-peu-près les mêmes. N'ayant plus rien à vous en dire, je termine ici leur hiſtoire.

CLARICE. Si c'eſt-là tout, je ſuis médiocrement contente de vos Guêpes Aériennes & de vos Frelons. Je vois bien que nous ſottirons de leur école aſſez peu inſtruites, ſi ce n'eſt de leur mauvaiſes qualités.

Guêpes
Cartonnie-
res.

EUGENE. Pour vous en dédommager, je vous parlerai d'une eſpéce de Guêpe étrangère, bien ſupérieure en adreſſe & en génie à toutes celles que vous connoiſſez, & même à toutes celles de notre Europe. Les talens rares, de quelque Pays, de quelque Nation qu'ils ſoient, doivent être connus & célébrés;
c'eſt

c'eſt un hommage qui leur eſt dû.
Sous le regne des Rois Ferdi-
nand & Iſabelle, les Eſpagnols
ayant fait la découverte du nouveau monde.

Guêpes
Cartonniè-
res.

CLARICE. Vous vous y prenez
de loin.

EUGENE. Ne vous effrayez
pas, je ne parcourerai pas autant
de Peuples & de ſiécles que l'A-
vocat dans la Comédie des Plai-
deurs. Une des choſes qui ſurprit le
plus l'admiration des Américains,
ce fut la beauté & la perfection
de nos Arts. Ces Peuples groſ-
ſiers & ignorans n'en avoient
que de lourds, & de très-impar-
faits au prix des nôtres. Si les
Guêpes étoient voyageuſes, &
que les Américains s'aviſaſſent
aujourd'hui de venir à la découverte de l'Europe; nos Guêpes
Souterraines, dont vous avez
admiré l'induſtrie, joueroient le
même perſonnage devant les

Tome II.   I

Guêpes d'Amérique, que les A-
méricains jouèrent vis-à-vis des
Espagnols ; elles resteroient en
extase , & rougiroient de leur
ignorance à la vûe des Guêpes de
l'Amérique , & du carton dont
ces nids sont composés.

CLARICE. Il seroit singulier , si
en échange des arts que nous a-
vons appris aux Américains , les
Guêpes d'Amérique venoient
nous en apprendre d'autres.

EUGENE. C'est pourtant ce
qui pourra bien nous arriver , si
nous sommes attentifs & assez do-
ciles pour profiter des avis qu'elles nous donnent. Ces Guêpes
vous confirmeront ce que je vous
ai dit , que l'on peut faire du papier , en se servant immédiatement du bois ; elles feront plus ,
elles vous apprendront que l'on
en peut faire d'excellent , car qui
peut le plus , peut le moins. Puisqu'elles sçavent faire du carton

qui peut le difputer en beauté, en force & en blancheur, au meilleur que puiffent faire nos Ouvriers; à plus forte raifon feroient-elles du papier auffi parfait, fi elles en avoient befoin ; la matiere & la fabrique étant les mêmes pour l'un & pour l'autre. Nous devons la connoiffance de ces induftrieux animaux à des Voyageurs intelligens, qui nous ont apporté de l'Ifle de Cayenne des Guêpiers, avec les Guêpes qui les avoient faits, bien confervées dans de l'eau-de-vie fucrée ; & à la pénétration de l'Auteur des *Mémoires pour fervir à l'Hiftoire des Infectes*, qui fur l'infpection de ces ouvrages admirables & des ouvrieres, en a découvert tout le fecret. Ces Guêpes font de l'efpéce de celles que j'appelle Aériennes, parce qu'elles établiffent leurs demeures en plein air, où elles font expofées à tou-

tes les injures du tems : d'ailleurs
elles font très-délicates , & l'air
leur eft nuifible , du moins à leurs
petits. Ainfi vous devez vous attendre à leur voir prendre des
précautions qui font inconnues
aux autres. Ces précautions con-
fiftent dans la folidité de la matiere dont elles compofent leur Guêpier , & dans la façon de le travailler. Le Créateur a diftribué
à tous les animaux une mefure
d'intelligence proportionnée ,
non à la maffe de leurs corps,
mais aux befoins auxquels il a jugé à propos de les affujettir. Les
Guêpes Cartonnieres , quoique
des plus petites dans leur efpéce , ont de quoi nous furprendre
du côté de l'art & de l'induftrie.
C'eft ce que je tâcherai de vous
faire comprendre , après que je
vous les aurai fait connoître. Il y
a dans chaque Guêpier Améri-
cain , comme parmi nos Guêpes

d'Europe, des Mouches de trois genres, des mâles *, des femelles *, & des mulets *. Les unes & les autres proportionnellement plus petites que toutes celles que vous avez vûes. Elles naiſſent, croiſſent, & vivent à-peu-près de la même façon ; elles ſubiſſent les mêmes métamorphoſes. Leurs vers n'ont rien de ſingulier : ils tapiſſent, comme les autres, leurs alvéoles de ſoie, & les ferment avec la même étoffe. Leurs ſociétés ſont des plus nombreuſes, & égalent au moins celles des Guêpes Souterraines. Il ne reſte que le Guêpier qui nous offrira du nouveau. En voici un deſſein tiré d'après nature *. On en trouve cependant quelquefois de plus grands, on en a vû qui avoient un pied & demi de longueur. Ce Guêpier eſt à la lettre une boîte de carton, faite en forme de cloche allongée, dont l'ouverture

Guêpes Cartonnieres.

* PLANC. XII. Fig. 3.
* Ib. Fig. 2.
* Ib. Fig. 4.

* PLANC. XII. Fig. 1.

I iij

Guêpes
Cartonnie-
res.

seroit fermée, & qui n'auroit pour
toute entrée qu'un trou d'environ cinq lignes de diamétre à son

* Ib. Let.P. fonds *. Cette boîte pend à la
branche d'un arbre par une espé-
ce d'anneau, qui n'est qu'une pro-
longation de la matiere dont elle
est composée. Elle est creuse, &
son intérieur est occupé par des

* PLANC.
XIII. Fig.
u. gâteaux disposés par étages *. Ces
gâteaux sont un assemblage de
cellules hexagones, renversées,
& attachées seulement à la surface inférieure, comme celles des
Guêpes Souterraines. Ils en diffèrent en ce qu'ils ne sont point
suspendus les uns aux autres par
des liens ou colomnes, mais adhérens dans tout leur contour à
la paroi de la boîte; & leur u-
nion est si parfaite, qu'il semble
que la boîte & les gâteaux aient
été jettés en moule d'un seul jet.
Je comparerai encore ces gâteaux à différens planchers, qui

partagent l'intérieur de la boîte
en autant de parties qu'ils font
eux-mêmes ; on en a trouvé juf-
qu'à onze *. Leur jonction exac- * PLANC.
te avec la boîte vous donneroit XIII. Fig. I.
lieu de croire qu'il n'y a point de
communication d'un gâteau à
l'autre , que ces Guêpiers font
comme des maifons à plufieurs
étages , où on auroit oublié de
faire des efcaliers. Nos Mouches
Américaines font trop bien inf-
truites pour avoir manqué à un
point auffi effentiel. Si elles ne
font point des efcaliers comme
les nôtres , c'eft qu'elles peuvent
s'en paffer , & qu'elles fçavent y
fuppléer par d'autres moyens plus
courts , & qui demandent moins
de travail. Elles laiffent vers le
milieu de chaque gâteau un trou
qui eft comme une trape , par laquelle elles montent & defcen-
dent , & communiquent depuis
l'étage inférieur jufqu'au fupé-

I iiij

rieur. Venons préſenrement à la matiere du Guêpier, & à la conduite des architectes dans la conſtruction de leurs édifices. C'eſt la partie brillante de l'intelligence de nos Américaines. Je vous ai déja dit que le grand air eſt nuiſible à leurs petits. Depuis le moment de leur naiſſance juſqu'à celui où devenues Guêpes ils n'auront plus beſoin du ſecours de leurs meres, ils doivent être tenus chaudement. Comment concevez-vous que des cellules qui ſont deſtinées à les recevoir, pourront être conſtruites au grand air, ſans que les petits en ſoient incommodés?

CLARICE. Je ne me hazarde plus à diſputer d'intelligence avec mes Maîtres.

HORTENSE. Je ne ſens point ce qui peut vous arrêter; car ſans être Guêpe Américaine, j'en devine aiſément le moyen. Elles font d'abord la boîte entiere, & bâtissent ensuite le dedans ; ou bien elles ne pondent leurs œufs qu'après que la boîte & les cellules sont faites. Je ne vois point de milieu.

EUGENE. Nos Cartonnieres ont donc de meilleurs yeux que vous, car elles en ont vû un, & c'est celui qu'elles ont choisi comme le plus propre pour la fin qu'elles se proposent. Le voici. L'anneau qui doit tenir le nid suspendu comme un lustre, est le début de tout l'ouvrage, il n'exige d'autre attention que de lui faire embrasser solidement la branche. Vient ensuite le premier plancher, celui qui fait la partie supérieure du nid, & qui se trouve précisément au-dessous de la branche, comme vous le voyez ici, *lett.* A *. Ce plancher est une table ronde, qui tient par tout son contour à la matiere de l'anneau

Guêpes Cartonnieres.

* PLANC. XIII. Fig. I. Let. A.

qui a été prolongée pour lui faire une ceinture propre à l'emboîter. C'eſt au-deſſous, & à la ſurface inférieure de cette table, que les premieres cellules doivent être attachées. Car il n'en eſt pas parmi les Cartonnieres, comme parmi les autres Guêpes, chez leſquelles cellules & plancher ne ſont qu'un. Ici le plancher & les cellules ſont des piéces différentes, que l'on conſtruit auſſi ſéparément, & en différens tems. Auſſi-tôt que ce plancher, qui n'eſt d'abord qu'une table raſe, eſt perfectionné, les Mouches y attachent leurs alvéoles, en les commençant par la circonférence, & finiſſant au centre. Cela fait, on procéde à la conſtruction * Ib. Let. B. du ſecond plancher *. Je n'ai pas beſoin de vous dire que l'on ne le bâtit point en l'air. Nos Cartonnieres commencent par allonger tout le bord de la boîte, elles

Guêpes
Cartonnie-
res.

qui donnent la longueur qu'elles jugent convenable pour emboî-ter de la même maniere ce nouveau plancher. Elles prennent garde en même tems de laisser entre les deux une distance proportionnée à la longueur des cellules, & encore à celle dont elles auront besoin pour aller & venir librement. On ne manque pas aussi de laisser vers le milieu de ce second plancher un trou, ou trape, d'un diamétre suffisant pour permettre aux Mouches d'aller visiter les alvéoles qu'elles viennent de finir. Voilà donc par ce moyen un rang de cellules renfermées, & mises à l'abri des injures du grand air entre deux planchers. C'est alors que la mere Mouche y va pondre, & que les mulets vont porter de la pâture aux petits à mesure qu'ils éclosent. Pendant ce tems-là d'autres Guêpes construisent de nou-

Guêpes
Cartonnie-
res.

velles cellules sur la surface inférieure du second plancher, puis
prolongent encore les bords de
la boîte de ce qu'il faut pour y
attacher le troisiéme *. Et voilà
encore un second rang de cellules à couvert. C'est ainsi que l'on
les fait tous les uns après les autres, & que nos Américaines sçavent mettre leurs petits en sûreté à mesure qu'ils naissent. Remarquez encore ce que ce dessein vous fait voir clairement,
que les gâteaux augmentent de
diamétre à proportion qu'ils augmentent en nombre ; ce qui
donne au Guêpier une forme de
cloche *. Il ne nous reste plus
qu'à connoître la matiere que les
Guêpes emploient. Je vous ai
dit que c'étoit du carton, & je
ne vous ai point exagéré ; elle
n'est que cela, & de plus du carton très-blanc, & si férme que la
boîte résiste à une assez forte pres-

* Ib. Let. C.

* Ib. Fig 1.

fion de la main. Les Guêpes A-
méricaines le font de la même
maniere que les Souterraines font
leur papier, mais elles excellent
dans le choix des matériaux, &
dans l'art de compofer leur pâte.
Il n'y a pas d'apparence qu'elles
affectent de lui donner par préférence cette blancheur qu'on y ad-
mire, elle n'eft dûe probablement
qu'aux bois blancs auxquels les
Cartonnieres s'attachent, parce
qu'elles y trouvent plus de facilité à en tirer les fibres. Cette pâte eft extrêmement bien compo-
fée; lorfqu'elle eft féche elle eft
compacte, ferrée, & reçoit fa folidité de fon épaiffeur qui va, pour
la boîte & les planchers, jufqu'à
celle d'un écu de trois livres. En-
forte que fi vous en préfentez un
morceau à nos Ouvriers, fans
leur dire d'où il vient, il n'y en
a pas un feul qui n'affirme hardiment que c'eft le chef-d'œu-

Guêpes
Cartonnie-
res.

Guêpes
Cartonnie-
res.

vre de quelqu'un de leurs plus
fameux Maîtres.

CLARICE. Il n'eſt donc plus
douteux à préſent que l'on ne
puiſſe faire du papier, en ſe ſer-
vant immédiatement du bois,
ſans chercher les moyens de le
faire paſſer par l'état de linge. Je
ſuis même perſuadée que ſi l'on
en choiſiſſoit, comme vous di-
tes, la matieré parmi les bois
blancs, on parviendroit à faire
du papier auſſi beau que le carton
des Guêpes de Cayenne. Si je
m'aviſois quelque jour d'en faire
l'expérience, je commencerois
par le faire ſur des bois de rebut,
ou de peu de valeur. J'eſſairois
encore s'il n'y auroit point quelque plante parmi celles que nous
regardons comme inutiles, ou qui
font le déshonneur de nos
champs, qui fût propre à être
convertie en papier.

EUGENE. Vous me faites
ſouvenir que j'en connois une de

ce genre qui feroit fort bien cette affaire. C'eſt l'ortie. En traitant
cette plante comme on fait le
chanvre, après l'avoir roüie, &
l'avoir tillée pour en tirer la paille, on en porteroit le fil au mou-
lin à papier. Je ne doute point
que cette plante que nous mépriſons, que nous rejettons comme ſuperfluë, qui croît ſans cul-
ture ſur les grands chemins, &
qui peut-être n'attend, comme
bien d'autres, que notre travail
pour nous découvrir ſon utilité,
ne réuſsît très-bien. Nous avons
déja une preuve que cette eſpé-
rance n'eſt point mal fondée, en
ce qu'en quelques pays on en
fait de la toile. Or ſi on en fait de
la toile, on en peut faire du papier.

CLARICE. Voilà un ſupplé-
ment au linge que les Maîtres des
Papeteries trouveront quand il
leur plaira, & ſans l'aller chercher bien loin, un ſupplément
que le Créateur a, pour ainſi di-

re, jetté à nos pieds. Je n'aurai
plus de pitié de ceux qui se plain-
dront que la matiere du papier
leur manque, jusqu'à ce que par
leur travail & leurs tentatives, ils
m'aient prouvé que l'art des
Guêpes de Cayenne est au-dessus de leurs forces. Je vous dirai
plus encore. Il est si vrai que l'on
peut faire du papier, en se servant immédiatement du bois,
qu'au rapport de Kempfer qui
nous a donné une très-bonne description du Japon, les Japonnois
n'emploient point d'autre matiere. Ils pilent les écorces de
certains arbres qu'ils mettent en
bouillie, & cette bouillie, plus
ou moins fine, est la matiere dont
ils font leurs différens papiers qui
valent bien les nôtres.

EUGENE. Voilà tout ce que
j'avois à vous dire sur les Guêpes. Nous avons vû jusqu'à présent des animaux qui ne sont à
notre

notre égard armés que pour la Guêpes Cartonnieres. défenſive. L'Abeille, la Guêpe, le Frelon ne nous en veulent point perſonnellement. Nous leur ſommes très-indifférens tant que nous ne les troublons point; ils ne ſe formaliſent pas même ſi nous les approchons, & ſi nous les regardons avec un eſprit de paix: mais il eſt une autre eſpé-ce de Mouche qui ſemble faite exprès pour nous perſécuter, qui nous cherche, qui nous pour-ſuit, & qui ne nous quitte qu'au premier ſang; c'eſt une guerre déclarée, la nuit, le jour, ſur-tout à la campagne, & en Eté. Cet ennemi de notre repos nous tourne avec un tel acharnement, qu'il eſt rare qu'on lui échappe: il faut avec lui avoir continuel-lement les armes à la main, je veux dire l'éventail.

CLARICE. De qui donc vou-lez-vous parler?

Tome II.　　　　　　　K

EUGENE. Du Cousin.

HORTENSE. J'étois déja réso-
lue de vous porter mes plaintes
contre ces insupportables petites
bêtes. Depuis trois heures que
nous sommes ensemble, elles
m'ont fait payer plus d'une fois
les agrémens de la promenade.

CLARICE. C'est pour vous
prouver qu'il n'y a point au monde de plaisir pur. Pour vous en
consoler, Eugène nous donnera
leur histoire au premier jour.

EUGENE. Je m'en charge volontiers, & je laisserai le soin de
venger Hortense aux Hirondelles, aux Mouches appellées Ich-
neumons, aux Demoiselles, aux
Poissons, & à quantité d'autres
animaux qui les cherchent plus ar-
demment que nous ne les fuyons.
Au reste, cette histoire viendra fort
à propos à la suite des précéden-
tes, pour continuer celle des Insectes à aiguillon.

XII. ENTRETIEN.

Des Cousins.

EUGENE, CLARICE, HORTENSE.

EUGENE. COmme il y a des Du Cousin. hommes qui ne sçavent se faire connoître que par le mal qu'ils peuvent faire, il y a de même des animaux, qui ne sont connus que par cet endroit ; celui dont je dois vous entretenir aujourd'hui, seroit probablement très-inconnu, & fort négligé, sans la cruelle persécution qu'il nous a vouée.

CLARICE. Le Cousin ne seroitil recommandable par aucun art qui pût nous donner des lumieres pour la perfection des nô-

Du Couſin. tres, & nous, dédommager au moins de ſes importunités ?

EUGENE. Je ne lui connois point de talent dont nous puiſſions faire uſage ; mais je ſçai qu'il mérite d'être connu à cauſe des ſoins ſinguliers que l'Auteur de la Nature a pris pour ſa multiplication, & de l'art avec lequel il a formé ſon aiguillon, cet inſtrument deſtiné à ſucer notre ſang, & à nous dévorer, pour ainſi dire, tout vivans. Ceux qui ont voyagé en Aſie, en Afrique, en Amériqne, ne nous entretiennent que des maux inſupportables que les Couſins, que l'on appelle *Maringouins* en ces Pays, leur font ſouffrir : les Habitans naturels ſont ſouvent obligés pour s'en garantir, de s'envelopper dans des nuages de fumée, dont ils rempliſſent leurs caſes. Dans notre France même, ſur les bords de la mer, & dans les

Pays marécageux, on rencontre Du Cousin. des gens, dont les jambes & les bras ont été tellement rendus monstrueux par les piquûres réité- rées des Cousins, qu'ils ont été en risque de se les faire couper ; car la piquûre du Cousin n'est pas seulement douloureuse, elle empoisonne même la blessure qu'elle fait. Si vous me deman- dez la raison pour laquelle il a plû au Créateur de nous condam- ner à être pendant notre vie, la pâture & l'aliment de plusieurs Insectes, je vous répondrai que c'est un mystère que j'adore en silence ; je me contente d'y voir notre orgueil humilié.

CLARICE. Il le mérite bien ; car, en vérité, l'homme est trop fier de sa condition. C'est une pensée sur laquelle je me suis souvent étendue. Combien de fois me livrant à mes réflexions, ne me suis-je point représenté un

Du Cousin. Annibal, un César, un Prince de Condé, un Vicomte de Turenne, un Maréchal de Saxe, tous ces Hommes fameux, devant qui les remparts s'écroulent, par qui les plus fiers ennemis sont renversés, revenans des combats, victorieux, couronnés, & cependant insultés au milieu de leurs triomphes par un vil Moucheron, qui s'envole gorgé d'un sang que Mars & la Fortune avoient respecté?

HORTENSE. Remettons la morale à notre retour au Château, & après que nous aurons appris l'Histoire du Cousin.

EUGENE. Pour satisfaire à l'empressement d'Hortense, j'entre en matiere. Vous avez vû cent & cent fois des Cousins.

HORTENSE. Et tout autant de fois, je m'en serois bien passée.

EUGENE. Je le crois, mais sui-

vant les apparences vous vous y
êtes fréquemment trompée ; je
suis sûr que vous avez pris souvent pour des Cousins, un Insecte assez commun qui lui ressemble beaucoup, & qui n'est pas
mal faisant ; c'est un volatile du
genre des Tipules, qui comme
le Cousin est monté sur de hautes
jambes, a le corps long & effilé,
& dont le dessein * achevera de
vous donner la description : vous
y remarquerez une différence es-
sentielle ; c'est que la Tipule n'a
point de trompe, & que le Cousin en a une très-longue & très-
visible, qui est le foureau de son
aiguillon. La Tipule est plus grande que le Cousin, elle est très-
pacifique, & incapable de nous
nuire ; le Cousin au contraire est
sanguinaire, & ne cherche qu'à
faire plaies & bosses. Je vous
donne cet avis, afin que dans
votre colère, vous n'alliez pas

* PLANC.
XIV. Fig.
1.

Du Coufin. confondre l'innocent avec le cou-
pable.

CLARICE. Je ne réponds pas
de mon premier mouvement ;
car je ne difcerne plus l'honnête
homme du fcélérat , quand ils
vont de compagnie. Donnez-
nous une connoiffance fi exacte
de la Tipule , qu'on ne puiffe s'y
tromper.

EUGENE. Je vous en parlerai
un autre jour , il ne fera queftion
aujourd'hui que de l'Infecte appellé Coufin. Il y en a de plufieurs efpéces. Ce feroit entrer
dans un trop grand détail, & dans
un détail fuperflu, que de s'arrêter à ce qui met de la différence entre elles , je m'en tiendrai à
ce qu'il y a de commun à tous
les Coufins en général , & qui
peut intéreffer votre curiofité.
* PLANC. Voici le portrait au naturel d'un
XIV. Fig. Coufin. * Cet autre * eft le mê-
1.
* Ib. Fig. me, groffi au microfcope , pour
3. vous

vous en faire diftinguer plus faci- Du Coufin lement les parties. T, eft la pointe de l'aiguillon, P. P. font deux piéces terminées par des pennaches qui fervent de foureau à la trompe. A. A. font les antennes, I. I. font fes yeux, qui font des yeux à réfeau.

HORTENSE. Qu'entendez-vous par des yeux à réfeau ?

CLARICE. Vous n'étiez pas ici lorfqu'Eugène m'en a inftruite à l'occafion des Abeilles. * Je vous en entretiendrai en particulier ; ainfi Eugène peut continuer fa defcription.

* Voyez l'Hift. Nat. des Abeil. Tom. I, p. 49.

EUGENE. F. F. font fes aîles ; R. R. les balanciers.

HORTENSE. Vous me direz donc auffi, Clarice, ce que c'eft que les balanciers.

CLARICE. Ho ! Pour ceux-là, je n'en fçai pas plus que vous, c'eft l'affaire d'Eugène de nous l'apprendre.

Tome II. L

Du Cousin.   *EUGENE.* Vous me croirez facilement quand je vous dirai que
je n'en sçai guère davantage.
Tout ce que je puis vous en dire,
c'est que les Mouches qui ont
quatre aîles, comme les Abeilles, les Guêpes, & beaucoup
d'autres n'ont point cette double
partie que nous appellons les balanciers; & que toutes les Mouches à deux aîles, telles que celles qui volent dans vos appartemens, les Cousins, &c. en sont
pourvûes: d'où l'on peut conclure, que dans celles-ci les balanciers ont un usage qui supplée à
la paire d'aîles qu'elles ont de
moins. M. M. est le corps de
l'Insecte. Il n'est pas besoin de
marques pour vous indiquer ses
six longues jambes, qui sont attachées comme les aîles au corcelet. Passons à la description de
quelques-unes de ces parties en
particulier. Celles-ci méritent

d'être vûes au microfcope, pour **Du Coufin.** juger de la dépenfe, pour ainfi dire, que le Créateur a faite pour les orner, pour y jetter de la magnificence, & pour plaire: à qui? Ce n'eft pas affûrément à nous, qui n'en voyons peut-être pas la centiéme partie.

CLARICE. Seroit-ce à lui-mê-me?

EUGENE. Ne portons point les yeux fur ces profondeurs, les fecrets du Créateur ne font point du reffort d'une fage Philofophie; contentons-nous de ce qu'il nous eft permis de voir. Les aîles du Coufin font d'une efpéce de matiere cartilagineufe, friable, & transparente comme le talc, fur laquelle l'Auteur a jetté & diftribué de petites écailles, non au hazard, mais avec un ordre agréable & régulier qui leur donne un air de végétation, comme * PLANC. vous pourrez le voir ici. * Tout XV. Fig. 1.

Du Cousin. le contour intérieur de l'aîle est
bordé d'une frange d'écailles *,
& au côté extérieur, au-lieu
d'écailles, ce sont de distance
en distance de longs piquans. *
Leurs antennes en forme de panaches * sont encore des parties
qui méritent d'être observées au
microscope, sur-tout celles des
mâles qui sont plus belles & plus
fournies que celles des femelles.
Le Cousin mâle peut se flatter
d'être le mieux empennaché de
tous les animaux connus. Ce dessein vous le fait voir plus facilement que toute la description
que je pourrois vous en faire.
Parmi les curiosités que le Cousin peut nous offrir, il n'y en a
assûrément aucune qui soit com-
parable à l'aiguillon, par rapport
à sa méchanique, au nombre prodigieux de parties qui le composent, à leur délicatesse, & à l'intelligence avec laquelle elles sont

* Ib. Let. A.

* Ib. Fig. 2. Let. A.

* PLANC. XIV. Fig. 3. Let. A. A.

Affemblées , & exécutent leurs
fonctions. C'eft ce qu'il nous faut
voir avec quelque détail. Celui
que je vais vous en faire, ne fera
qu'un abrégé de celui que nous a
donné le fçavant Auteur des Mémoires fur les Infectes, comme
le fien n'en eft qu'un des merveilles du grand Ouvrier, quoique ce foit tout ce qu'il femble
être permis à l'œil humain d'appercevoir. Le véritable aiguillon
du Coufin eft renfermé dans un
étui que nous appellons *la Trom-*
pe; ainfi ce que vous voyez quand
vous obfervez cet animal, même
dans le tems qu'il fuce notre
fang, n'eft que cet étui, c'eft le
fourreau de fon dard. Pour une
plus facile intelligence, imagi-
nez un Coufin fur votre main qui
fe difpofe à faire entrer fon aiguillon dans vos chairs, & à vous
piquer jufqu'au fang.

HORTENSE. Faites-lui faire

Du Cousin. cette opération-là sur vous-même ; je la comprendrai mieux.

EUGENE. Volontiers. Cependant lorsque notre Auteur fit la découverte dont je me dispose à vous rendre compte, il étoit accompagné, & qui plus est aidé de la main & des yeux par une personne de votre sexe, qui a eu le courage de se faire piquer comme lui, & repiquer plusieurs fois pour s'assûrer d'autant mieux de ce qu'ils voyoient.

CLARICE. On ne peut que beaucoup loüer cette Héroïne Philosophe ; mais puisque l'expérience en est faite, & que les choses sont bien vérifiées, nous les tenons pour très-certaines. Vous pouvez nous en continuer la description.

EUGENE. Je suppose donc que je veuille me faire piquer par un Cousin, comme effectivement je l'ai fait quelquefois ; voici com-

me il s'y prend. Posé sur ses six Du Cousin.
jambes, il dirige sa trompe vers
notre peau, il la porte à droite,
à gauche, en différens endroits,
jusqu'à ce qu'il ait rencontré celui où son aiguillon pourra entrer
avec plus de facilité ; & peut-
être aussi, ce qui est plus proba-
ble, cherche-t-il quelque petite
veine, dans laquelle il puisse pui-
ser notre sang. Cette trompe qui
se proméne ainsi, est armée d'u-
ne petite pointe très-fine qui sort
de son extrémité, & cette pointe
est celle de l'aiguillon : c'est elle
qui fait la recherche, qui pique ;
c'est en elle que réside la sensation qui avertit l'Insecte, lorsqu'il
a rencontré ce qu'il lui faut. A-
lors cette pointe fine pénétre notre peau, & y entre souvent jusqu'à la profondeur de trois quarts
de lignes qui est presque toute sa
longueur ; l'extrémité de la trompe qui le renferme restant tou-

L iiij

Du Cousin. jours appuyée fur le bord de la
plaie. Cette derniere circonstan-
ce doit vous faire croire que l'aiguillon s'allonge hors de la trompe, ou bien que la trompe flexible fe plisse pour permettre à l'aiguillon de pénétrer. Cependant
celui-ci ne peut s'allonger, &
l'autre n'est point assez molle pour
fe racourcir par des plis. Pour
bien concevoir cette difficulté,
représentez-vous une épée dans
fon fourreau, & qu'il soit queftion de la faire entrer dans le
corps d'un animal par la pointe,
& jusqu'à la garde, fans cependant la tirer hors du fourreau. Je
ne permets à votre imagination
d'en retrancher que le petit bout
d'argent ou de cuivre, dont on
couvre la pointe de l'épée.

CLARICE. Malgré la permission
que vous me donnez, la chofe
me paroît encore très-difficile,
à moins que vous ne m'accordiez

que le fer & le fourreau entrent Du Cousin de compagnie dans la plaie.

EUGENE. Cela ne se peut point à l'égard du Cousin ; car son aiguillon fait un trou trop fin pour que son étui , qui se termine par un bouton, puisse l'y suivre ; mais en suivant la comparaison nous trouverons le dénouement de la difficulté. Si le fourreau étoit fendu dans toute sa longueur , qu'il ne fût retenu qu'auprès de la garde , & que dans cet état on appuyât la pointe de l'épée sur quelque chose où elle pourroit entrer sans difficulté , elle entrera ; mais le fourreau arrêté par les bords de la plaie, résistera ; que l'on redouble alors la pression , l'épée continuera d'entrer, & le fourreau forcé de céder , ne se plissera pas, n'étant pas d'une matiere assez molle pour cela , mais étant déja entr'ouvert dans toute sa longueur , il s'écartera de l'épée , &

Du Cousin. se courbera dans quelque endroit, n'importe où. Voilà exactement la méchanique de l'aiguillon du Cousin. C'est un dard enfermé dans un tuyau fendu, & cette fente est ménagée pour que le tuyau qui est d'une matiere ferme & non pliable, puisse s'écarter du dard, & ne se plier que comme s'il se cassoit; & cela plus ou moins, à proportion que le dard se plonge dans la plaie. Un des-

* Planc. XV. Fig. 3. sein * achévera de vous éclaircir toute cette méchanique. A, A, sont les bouts des antennes dont les panaches ont été coupés, afin qu'ils n'offusquent pas les objets que vous devez voir. E, E, deux piéces qui couvrent l'étui, dans lequel l'aiguillon est enfermé, & que l'on en a ici écarté exprès. D, l'aiguillon qui commence à percer la chair. C. F, le fourreau ou étui, écarté de l'aiguillon & plié en B. G, bouton de cet étui

qui refte toujours appliqué contre la chair, & qui foutient l'aiguillon au bord de la plaie, &
l'empêche de vaciller.

CLARICE. Cela me paroît
clair. Expliquez-nous à préfent
comment après avoir piqué, il
peut fucer notre fang. Retire-t-il
fon aiguillon pour introduire une
pompe à la place ?

EUGENE. L'aiguillon eft lui-
même une pompe, mais une pompe d'une invention bien fimple,
& par-là même d'autant plus admirable. Cet inftrument que vous
avez conçu jufqu'à préfent être
d'une fineffe extrême, & apparemment d'une feule piéce, comme eft ordinairement tout inftrument deftiné à percer, eft compofé de plufieurs piéces ; c'eft un
faifceau de plufieurs lames pointues, comme vous diriez plufieurs lancettes appliquées l'une
deffus l'autre. Toutes ces lancet-

Du Cousin. tes qui entrent ensemble dans nôtre chair, sont liées par le bouton
*Ib.Let.G. de l'étui G *, qui les retient, &
empêche qu'elles ne se désunis-
sent ; toutes n'ont pas leurs pointes de la même figure, ni de la
même longueur ; quelques-unes
les ont dentelées en fer de flé-
che, d'autres simplement tran-
chantes. Voilà tout ce qu'il a été
permis au microscope de nous
laisser voir. Les Naturalistes varient sur le nombre de ces piè-
ces ; quelques-uns en ont comp-
té quatre, d'autres cinq, d'autres
six. A l'égard de la maniere dont
ce faisceau de lames pompe notre sang, nous la jugeons par l'a-
nalogie. Le Taon, cette Mouche redoutable qui tourmente
nos chevaux & nos bœufs, qui
fit courir les champs à la vache
Io, porte dans sa trompe un aiguillon, composé comme celui
du Cousin, de plusieurs lames

pointues. On l'a vû fucer le fang, on a vû le fang monter entre ces lames auffi facilement que s'il étoit tiré par une pompe à pifton. La groffeur de cet aiguillon, plus confidérable que celle du Coufin, a permis d'en voir tout le jeu. Pour vous l'expliquer, il faut vous rappeller une expérience commune, & connue de tout le monde. Vous avez entendu parler des tuyaux capillaires, dans lefquels l'eau monte comme d'elle-même, & par fes propres forces, au-deffus de fon niveau : elle montera de même entre des lames de verre, qui feroient affemblées comme font celles de l'aiguillon du Taon, pourvû que, comme celles-ci, elles ne foient pas appliquées trop exactement l'une dans l'autre, & qu'elles laiffent entre elles affez de vuide pour donner à l'eau la liberté de s'y introduire. Lors donc que le faif.

Du Cousin. ceau de lames de l'aiguillon du
Taon a atteint & percé une de
nos veines, il se trouve plongé
dans une liqueur qui est notre sang.
Or suivant la nature des liquides
aqueux, le sang ne peut manquer
de s'élever au-dessus de son niveau, lorsqu'il rencontre l'ouverture de quelque tuyau capillaire,
ou l'extrémité d'un assemblage
de lames pareilles à celles du
Taon; il le trouve ici, & il monte. L'expérience a encore appris
que ces liquides s'élévent dans
ces tuyaux plus haut, à proportion que leurs diamétres sont plus
petits. On n'est point étonné de
les voir s'élever à quatre & cinq
lignes au-dessus de leur niveau.
L'aiguillon du Cousin n'a guère
plus d'une ligne de longueur; par
conséquent l'ascension de notre
sang depuis la veine qui est son
niveau, jusqu'à la plus grande hauteur de cet aiguillon, n'est pas

Du Cousin.

plus difficile à concevoir, que celle de l'eau dans un tuyau capillaire.

CLARICE. Le seul mouve-
ment du sang poussé par la circulation, ne seroit-il pas suffisant
pour opérer cette méchanique ?

EUGENE. On pourroit s'en
tenir-là, si l'on n'avoit remarqué
que dans d'autres circonstances
notre Insecte tire des liqueurs
tranquilles, comme le suc des
plantes, du sucre délayé, &c.

CLARICE. Je vous ferai encore
une objection. Je conviens que
l'eau monte par ses propres forces dans les tuyaux capillaires :
mais si je ne voulois pas vous accorder que le sang eût la même
vertu, parce que le sang n'est
point de l'eau, & que je le crois
un liquide plus composé, plus
épais, plus visqueux.

EUGENE. Votre objection est
très-bonne, & l'on eût été em-

Du Coufin. barraffé d'y répondre, fi le Coufin fe fût contenté de nous caufer
une fimple douleur, qui n'eût pas
duré plus de tems que celui qu'il
emploie à nous piquer; mais parce que cette légère bleffure eft
toujours fuivie de boffes ou tu-
meurs, quelquefois affez confi-
dérables, & ordinairement très-
cuifantes, les Naturaliftes fe font
doutés qu'outre la fimple infer-
tion de fon dard il avoit encore
le cruel fecret d'empoifonner la
plaie qu'il fait, c'eft ce qui a en-
gagé notre Auteur à l'examiner
de plus près. Il nous apprend qu'il
a vû fortir en diverfes circonftan-
ces du bout de la trompe des
gouttes d'une eau très-claire; qu'il
a vû cette eau dans la trompe
même, & couler dans la plaie
pendant que l'aiguillon piquoit.
C'eft donc cette eau qui introduite dans la plaie l'irrite, & caufe les élevûres qui vous ont mife
quelquefois

quelquefois de mauvaife humeur.

HORTENSE. Puifque le Coufin a tout ce qui lui faut pour trouver les réfervoirs de notre fang, & le fucer à fon aife, quel befoin a-t-il d'y ajoûter cette eau claire ? Eft-ce pour le plaifir de nous faire du mal, & nous laiffer un douloureux fouvenir de fon paffage ?

EUGENE. Ma réponfe à la queftion de Clarice en fera une auffi à la vôtre. Vous fçavez qu'on reproche fouvent à l'homme de regarder toute la terre, les animaux particuliérement, comme un bien qui lui appartient, de penfer qu'ils font une part de fon patrimoine, fur laquelle il peut exercer une puiffance fouveraine : ils ne vivent ou ne meurent, qu'autant qu'ils lui font utiles, agréables, ou indifférens. Le genre de mort même qu'il leur fait fouffrir eft relatif à fon plaifir ; qu'il foit cruel

Tome II. M

Du Cousin. ou non, ce n'est pas ce qui l'em-
barrasse, c'est son goût qui déci-
de entre leur donner une mort
prompte, ou une mort lente &
douloureuse. C'est ainsi qu'en use
ce Roi de l'univers, ce maître de
tout, qui prétend que tout a été
créé pour son usage. Un Cousin
qui parcourt l'air pour chercher
sa nourriture, pense de même,
& est en droit de le faire; tout ce
qui convient à son entretien, à
son goût, est créé pour lui. S'il
rencontre en son passage un Mo-
narque, une Belle, un Philosophe : Ceci, dit-il en lui-même,
est encore de mon patrimoine. Et
aussi-tôt le voilà sur les mains, les
jambes, ou le visage de ce Maître du monde. Là, il se croit à sa
propre table. Appuyé sur ses six
jambes il plonge son dard, il cherche une veine, il en puise le sang.
Si, comme Clarice l'a pensé, ce
sang se trouve trop visqueux, dif-

ficile à être pompé, l'animal por- Du Couſin.
te en lui une proviſion de liqueur
capable de le rendre limpide,
coulant & léger. C'eſt cette eau
claire dont je vous ai parlé. Il en
laiſſe couler quelques gouttes
dans la plaie. Il eſt vrai que la vertu de cette liqueur, qui n'eſt faite que pour décompoſer notre
ſang, & le rendre un aliment
convenable au Couſin, laiſſe dans
la bleſſure un ferment qui l'irrite,
& y cauſe des douleurs cuiſantes;
c'eſt un malheur pour nous, &
non l'affaire du Couſin, qui n'a
penſé dans ce moment qu'à joüir
de ſon patrimoine.

HORTENSE. Et à lui donner
peut-être auſſi une ſauce de ſon
goût.

CLARICE. Sommes-nous les
ſeuls animaux deſtinés à ſervir de
pâture aux Couſins?

EUGENE. Ils ont d'autres reſ-
ſources, dont bien nous prend,

M ij

Du Couſin. car ſans cela je ne ſçai ſi le ſang
humain ſuffiroit pour les nourrir.
Je vous en parlerai dans le détail
de leur vie, à laquelle il eſt tems
de paſſer. Le Couſin eſt une de
ces eſpéces d'Inſectes qui joüiſ-
ſent ſucceſſivement des deux
genres de vie qui paroiſſent bien
oppoſés: ils naiſſent poiſſons, &
finiſſent par être habitans de l'air.
C'eſt dans l'eau que le Couſin
prend naiſſance, mais il a beſoin
pour cela que deux circonſtances
y concourent; il faut que l'eau
ſoit dormante, & que la chaleur
du jour excite la fermentation
dans l'œuf dont il doit éclore. On
n'en trouve point, ou peu dans
les eaux courantes & dans les
rivieres, mais les marais en four-
millent depuis le mois de Mai
juſqu'au commencement de l'hyver. Il n'eſt rien de ſi facile que de
ſe procurer le moyen de voir naître un Couſin, de le ſuivre dans

les métamorphoses, & de l'ac-
compagner jufqu'à fa ponte, qui
eft fon dernier terme, où du moins
celui où il peut nous montrer
quelque chofe d'intéreffant. Lorfque vous voudrez vous en donner le fpectacle, vous n'aurez
qu'à expofer au grand air, & au
chaud, dans votre jardin ou dans
votre cour, un baquet plein d'eau.
Si cette eau eft nette, quelques
quinze jours ou trois femaines
de patience, & dans le fort de
l'Eté beaucoup moins, vous en
feront voir bientôt un bon nombre. Ceux qui volent par l'air, ne
manqueront pas d'y venir dépo-
fer leurs œufs. Ces œufs qui nagent fur l'eau, ne tarderont pas
d'éclorre, & de peupler votre ré-
fervoir. Le Coufin fort de l'œuf
en forme de petit ver, ou fi vous
voulez, de poiffon. Il a, comme
la plûpart des Infectes, trois métamorphofes à fubir. Il eft d'abord

Du Coufin. Ver aquatique, il fe transforme
enfuite en Nymphe, & enfin il
prend des aîles, & devient un
Moucheron. L'eau eft l'élément
du Ver & de la Nymphe, & l'air
eft celui du Moucheron. Comme
vous connoiffez le Coufin par fa
forme extérieure, il faut vous faire connoître de même fon Ver &

*PLANC. fa Nymphe. Ce deffein * vous
XV. Fig. 4. repréfente un vafe plein d'eau
dans laquelle vous voyez fufpen-
* Ib. Let. dus des Vers * & des Nymphes *,
V.
* Ib. Let. qui font dans leur groffeur natu-
N, relle; mais vous aimerez mieux
les voir groffis au microfcope,
pour en démêler toutes les par-
* Ib. Fig. ties. Celui-ci * eft un ver de Cou-
5. fin dans fa pofition ordinaire,
c'eft-à-dire, fufpendu à la furface de l'eau. I, I, eft fa tête. D,
D, les antennes. C, C, deux crochets que l'animal tient dans un
mouvement continuel. E, E, le
premier anneau qui lui tient lieu

de poitrine. F, le reste du corps composé de huit anneaux. A, tuyau qui tire son origine du dernier anneau, il sert de passage aux excrémens. P, P, poils disposés en entonnoir au tour de cet anus. N, N, nageoires; il y en a quatre, quoiqu'il n'en paroisse ici que deux. R, tuyau de la respiration qui part comme le précédent du dernier anneau, & s'éléve perpendiculairement à la surface de l'eau.

HORTENSE. Est-ce que le Cousin respireroir par une sarbacane?

EUGENE. La Métaphore n'est point outrée : je me souviens de vous avoir promis autrefois de vous faire voir des animaux qui portent leurs poumons au bout d'une corne, comme le Limaçon porte ses yeux. Le Ver du Cousin est le premier de cette espéce, qui se présente. Les Pois,

Du Coufin. fons & la plûpart de tous les In-
feétes aquatiques, ont des oüies,
ou quelques organes équivalens,
par le moyen defquels ils fçavent
réunir toutes les particules Aériennes qui font difperfées, &
divifées dans l'eau, & remettre
l'air en maffe pour le faire paffer
dans leurs veines & leurs tra-
chées, tel que nous le refpirons:
mais le Ver du Coufin privé de
cette faculté, eft obligé d'aller
chercher l'air hors de l'eau, fans
cependant en fortir. C'eft dans
cette vûe que ce tuyau lui a été
donné. Il le tient continuellement élevé à la furface de l'eau
par fon extrémité qui fe termine
en s'évafant, & forme une efpéce d'entonnoir par lequel l'air
entre librement dans fon corps,
pendant que l'animal refte entiérement plongé dans l'eau. Cette
néceffité de fe procurer ainfi l'u-
fage de la refpiration, oblige le

Ver

…être toûjours suspendu à la surface de l'eau, la tête en bas; mais la Nature qui veille aux besoins des moindres Insectes, comme aux nôtres, a sçû lui rendre facile & commode cette situation qui vous paroît contrainte.

L'évasement de l'extrémité de son canal, se présentant à sec hors de l'eau, suffit pour l'y soutenir tant qu'il le tient ouvert. Veut-il plonger, il n'a qu'à le fermer, & les nageoires que vous voyez au bout de l'autre canal *, lui servent à se relever, ou à changer de lieu. Sa nourriture en cet état est des Insectes imperceptibles, de petites plantes, & peut-être même des corps terreux les qui nagent dans l'eau. Cette nourriture proportionnée à la petitesse de l'animal, ne se montre à nos yeux; mais le Ver Cousin intéressé à la trouver, sçait bien la démêler. Cet Insec-

* Planch. XV Fig. 5. Let. N, N.

Tome II.   N

Du Coufin. te eft très-vif; pour peu qu'on re-
mue le vafe dans lequel on l'a
mis, ou que l'on trouble fon eau,
il fe plonge preftement , & revient avec la même vivacité à la
furface pour retrouver l'air, dont
il ne peut fe paffer long-tems.
Cependant lorfque la nourriture
lui manque auprès de la furface
de l'eau, il plonge vers le fond,
& peut s'y tenir tout le tems qu'il
lui faut pour trouver dans le vafe de quoi vivre. C'eft ainfi que
cet Infecte paffe fa vie de Ver ,
qui dure quinze jours ou trois femaines , fuivant que la faifon a
été plus ou moins chaude , &
pendant lefquels il a changé trois
fois de peau. Alors le tems eft
venu de fe transformer en Nymphe. Cette métamorphofe eft
fans doute une opération difficile & douloureufe. Vous croyez
bien qu'un tel changement d'état
& de forme ne fe peut faire fans

danger de sa vie. Cependant puisque la Nature l'a voulu ainsi,
qu'elle a voulu qu'il eût encore
bien d'autres hazards à essuyer,
il s'en tire apparemment bien plus
souvent qu'il n'y périt. Le voilà
donc changé en Nymphe, c'est-
à dire en un animal tout autre à
nos yeux, & qui ne ressemble en
rien à celui dont il sort ; ce qui se
fait comme dans les autres Insectes en quittant la peau extérieure
du Ver, & y substituant une nouvelle enveloppe. C'est ce qu'il
vous faut voir dans ce dessein-ci
* qui vous représente grossie au
microscope la Nymphe que
vous avez déja vû dans sa grandeur naturelle. * Elle est ici rou-
lée, & telle qu'elle se tient tranquillement près de la surface de
l'eau.

* PLANC.
XIV. Fig.
4.

* PLANC.
XV. Fig. 4.
Let. N.

CLARICE. Qu'est devenu son
tuyau respiratoire ? Est-ce qu'elle
n'a plus besoin d'air ?

Du Cousin. *EUGENE.* Au contraire, elle respire peut-être le double; car ce canal unique par lequel elle tiroit l'air étant Ver, s'est changé en ces deux cornets. *

* PLANC. XIV. Fig. 4. Let. O, O.

HORTENSE. Vous appellez cela des cornets? Ce sont vraîment deux belles & longues oreilles.

CLARICE. Elles en ont au moins l'apparence.

HORTENSE. Il me paroît assez plaisant, que cet Insecte étant Ver, respire par une sarbacane; Nymphe par les oreilles, par où respirera-t-il étant Cousin?

EUGENE. Par des stigmates. Il est vrai que les organes de la respiration changent de lieu & de forme dans le Cousin, suivant ses différens états; mais pour ne parler à présent que de ceux de la Nymphe, ces espéces d'oreilles ou cornets sont deux tuyaux adaptés aux stigmates que vous pourrez voir un jour dans le Cou

fin. La Nymphe en a befoin pour Du Coufin. aller chercher l'air hors de l'eau, comme elle faifoit étant Ver. C'eft en conféquence de cette néceffité de refpirer, qu'elle fe tient pareillement à la furface de l'eau. Si le befoin d'air lui eft au-tant ou plus néceffaire que dans fon état précédent, celui de pren-dre des alimens eft entiérement ceffé. La Nymphe eft le Coufin même, mais enveloppé d'une membrane très-fine, & cepen-dant affez forte pour tenir en braf-fiere tous fes membres, qui fe forment & fe fortifient fous cette enveloppe, où il refte huit à dix jours. Pendant ce tems, la Nym-phe ne prend, & ne peut pren-dre aucune nourriture; cependant tout mouvement ne lui eft point refufé, elle peut plonger, & changer de lieu; il lui eft refté une véritable nageoire *, dont * Planc. elle fait ufage, quand l'envie lui XIV. Fig.

4. Lett. C.

N iij

Du Couſin. en prend. Vous venez de voir le portrait d'une Nymphe en repos à la ſurface de l'eau, mais vous la voyez auſſi commençant à ſe dérouler pour donner un coup de queue, ou plutôt de nageoire.

* Ib. Let. C. *Elle ne ſe préſente dans ce deſſein que par le côté ; la voici de

* Ib. Fig. 5. face, & toute déroulée *. Voilà tout ce que j'ai à vous dire de la Nymphe. Paſſons à ſon changement en Couſin. Voyons comment un poiſſon devient un animal volant. C'eſt une métamorphoſe que j'ai vûe ſouvent, & toujours avec un nouveau plaiſir ; car rien n'eſt plus facile que de ſe rencontrer à la naiſſance d'un Couſin. Vous en aurez le ſpectacle quand vous voudrez, ſi vous vous ſervez, comme je vous l'ai dit, de baquets d'eau expoſés à la chaleur de l'air. La multitude de ces animaux eſt ſi prodigieuſe dans des jours d'Eté, qu'on ne

peut pas appeller patience le tems Du Cousin.
que l'on met à épier le moment
de leur naissance. Lors donc que
la Nymphe d'un Cousin sent que
son heure est venue de se transformer, elle ne fait que changer
de situation, elle se déroule, s'allonge, & sans quitter la surface
de l'eau, elle éléve son corcelet
au-dessus, afin que la partie de
son enveloppe, par laquelle elle
doit sortir, soit à sec : alors elle
se gonfle en cet endroit-là, & à
force de s'enfler, en faisant approcher les parties postérieures
des antérieures, elle fait crever
son enveloppe. Dès que la fente
a été assez aggrandie, ce qui est
l'ouvrage d'un instant, on voit
paroître à nud le corcelet du
Cousin, & bientôt après la tête
qui s'éléve au-dessus des bords
de l'ouverture. La tête s'avance
d'abord horisontalement, comme
si elle alloit se coucher sur la sur-

Du Coufin. face de l'eau ; mais à mefure que
les parties qui la fuivent fortent
de l'enveloppe, elles fe dreffent
enfemble, & prennent la pofition
verticale. Il faut ici avoir recours
à nos deffeins pour vous rendre
ma defcription plus fenfible. Cet-

* PLANC. te figure * vous repréfente de
XV. Fig. 6. grandeur naturelle un Coufin qui
quitte fa robbe de Nymphe, &

* Ib. Fig. 7. cette autre *, le même Coufin dans
la même difpofition, groffi à la
loupe. Il eft repréfenté dreffé fur
fa queue comme un ferpent qui
s'élance. Ce n'eft pas cependant
ce que prétend faire notre Coufin. Il ne fonge qu'à fe tirer de
fes maillots, & à s'en débarraffer;
il en eft ici prefque entiérement
dépouillé. Vous voyez déja fon
vieux fourreau flottant fur l'eau.
La partie antérieure E. E, que
l'Infecte a ouvert, & par laquelle il fort, eft vuide. La pofté-
rieure A, A, ne contient plus

rien, le Cousin n'est plus appuyé que sur sa queue, qui est encore engagée dans l'intérieur du fourreau en B. Dans cet état ce même fourreau qui lui servoit il n'y a qu'un moment de robbe, change d'usage, & lui tient lieu présentement de bateau. Il vogue au gré des vents, il est lui-même la voile & le mât du navire qui le porte.

CLARICE. Cela fait une situation bien singuliere. J'ai de la peine à comprendre comment le mât ne renverse pas le bateau. Nos vaisseaux, toutes proportions d'ailleurs gardées, ne pourroient pas soutenir une mâture si énorme.

EUGENE. Aussi le Cousin court-il de très-grands risques, & cette façon de naviger n'est pas sans de fréquens dangers. Pour vous en faire concevoir toute l'étendue, il faut sçavoir que cet In-

Du Coûin. secte qui étoit poisson le mome[nt]
d'auparavant, qui ne vivoit qu[e]
dans l'eau, qui seroit péri si o[n]
l'eût tenu dehors pendant un tem[s]
assez court, a subitement passé
à un état où il n'a rien autant à
craindre que l'eau. S'il étoit ren-
versé, si l'eau le touchoit en quelque partie de son corps, c'en seroit fait de lui. Cependant il seroit difficile d'imaginer une situation plus périlleuse que la sienne, plus voisine du naufrage : il
semble qu'il ne tienne à rien, &
qu'il aille périr à tout moment. I[l]
est vrai aussi qu'il en périt beaucoup dans cette occasion. Leu[r]
salut dépend du tems qu'il fai[t]
quand ils passent de l'état d[e]
Nymphe à celui de Coûin. Lor[s]
qu'au moment de ce passage l'ai[r]
est serein, & l'eau tranquille, l[e]
Coûin, après s'être dressé presque debout dans son petit bateau, comme vous le voyez dan[s]

notre deſſein, tire ſes deux premieres jambes du fourreau, & les
porte en avant, il tire enſuite les
deux ſuivantes, & en ſe penchant
il les poſe toutes quatre ſur la ſurface de l'eau, qui eſt pour elles
un terrein aſſez ferme & aſſez ſo-
lide. La troiſiéme paire de jambes & la queue paroiſſent enſuite. Les jambes ſont probablement enduites d'une graiſſe qui
les empêche de ſe mouiller. Par
ce moyen, & celui de la légéreté ſpécifique de l'animal, elles
ſoutiennent le corps de l'Inſecte,
& le ſoutiennent élevé au-deſſus
de l'eau, juſqu'à ce que ſes aîles
aient achevé de ſe déplier & de
ſe ſécher, ce qui eſt l'affaire d'u-
ne minute ; alors il s'envole, &
le voilà ſauvé.

HORTENSE. Et moi auſſi, j'étois
pour lui dans un furieux embarras. Quelque mal que je lui veuille, ma compaſſion naturelle com-

Du Cousin. mençoit à prendre le dessus.

EUGENE. Il n'en va pas ainsi
dans d'autres tems. S'il arrive
qu'un vent, qui ne seroit pour
nous qu'un zéphir léger, agite &
frise la surface de l'eau, c'est un
tems orageux pour notre petit
bateau : on le voit voguer avec
vîtesse, emporté de différens côtés, ne tenant qu'une route in-
certaine, la vague semble s'en
joüer, elle le fait balancer, tour-
ner, pirouetter : l'Insecte, très-
mauvais pilote, s'y soutient à peine ; il ne laisse pas cependant au
milieu de mille périls, de continuer à se dépouiller, & si l'ora-
ge n'est pas trop fort, il en vient
à bout au grand contentement
d'un spectateur, qui oublie dans
ce moment le mal qu'il pourra
lui faire un jour, par l'intérêt
qu'on ne peut s'empêcher de
prendre au sort d'un malheureux
en péril. Mais dans des jours où le

vent ſouffle avec plus de violence, c'eſt alors que l'on voit parmi les Couſins une image terrible des effets de la tempête. La
mer, (car un baquet d'eau eſt une
vaſte mer pour un Couſin) eſt
ſouvent couverte de naufrages,
on ne voit que bateaux renverſés, Couſins couchés ſur l'eau;
ce petit océan n'offre plus que
les ſuites funeſtes d'une naviga-
tion malheureuſe.

HORTENSE. Une vie qui échappe à tant de dangers, ſemble réſervée pour de grandes choſes.

EUGENE. Elle eſt réſervée parmi les Couſins, comme parmi
nous, pour continuer de vivre, &
puis mourir quand le tems eſt venu, je ne connois pas d'autre pré-
ſage. La vie d'un Couſin qui a
changé d'élément, & qui de poiſſon eſt devenu habitant de l'air,
conſiſte premiérement à chercher
ſa nourriture. Notre ſang & celui

Du Cousin. des autres animaux, n'est pas le
seul aliment qui lui soit destiné.
Si la Nature a voulu qu'il le dési-
rât passionnément, qu'il le cher-
chât avec empressement, elle
nous a donné aussi les moyens
de nous en défendre. Nos habits,
le poil, les plumes, les écailles,
dont les autres animaux sont couverts, nos mouvemens volontaires font autant d'obstacles que
nous opposons aux aiguillons des
Cousins. D'ailleurs la quantité de
ces Insectes dont les campagnes
font peuplées, est si prodigieuse
en comparaison de celle des
grands animaux qui habitent les
mêmes campagnes, qu'on peut
juger qu'entre tant de millions
de Cousins, il y en a bien peu qui
puissent parvenir à se régaler de
fang, seulement une fois dans le
cours de leur vie. Leur nourriture ordinaire, & celle qu'ils trouvent sans obstacle, est le suc des

Plantes qu'ils fçavent pomper. Ils Du Coufin. fe tiennent ordinairement cachés pendant la grande chaleur, & ne paroiffent que vers le foir. Un Coufin qui s'eft pofé fous une feuille, y refte quelquefois plu-fieurs heures de fuite fans chan-ger de place, mais il n'y eft guè-re tranquille, tout fon corps eft dans un mouvement continuel, foit de libration de côté, & en-devant, foit fur fes jambes qui fe plient & fe redreffent alternati-vement : j'ignore abfolument la raifon d'une femblable agitation. J'ignore pareillement fes autres exercices, paffe-tems, ou tra-vaux, jufqu'au tems de la multi-plication. Celle-ci eft le dernier acte de fa vie, & celui par lequel je terminerai fon hiftoire. Cette multiplication fuppofe un accou-plement préalable. Je dis qu'elle le fuppofe, parce que je ne crois pas que perfonne puiffe fe vanter

Du Couſin. d'en avoir jamais vû. C'eſt un
découverte qui reſte à faire.

CLARICE. Cela vous regarde
Vous n'attendez pas apparem
ment de nous des obſervation
ſur cet article?

EUGENE. Je déſeſpère mêm
d'en avoir de qui que ce ſoit
car les Couſins ont été épiés d
ſi près, qu'ils n'auroient point é
chappé à la ſagacité & à la pa
tience de notre Auteur, s'il avo
été poſſible de le découvrir
Comme ils ne ſe mettent en mou
vement que le ſoir, & qu'il ſem
ble que ce ſoit la fraîcheur qu
les ranime, on croit avec fonde
ment qu'ils choiſiſſent la nui
pour ſe rencontrer.

CLARICE. C'eſt donc à eux qu'i
faut tranſporter l'éloge de pudeu
que les Anciens avoient accord
trop libéralement aux Abeilles.

EUGENE. J'y conſens. Ainſ
nous pouvons ſuppoſer que le
ombre

ombres de la nuit nous cachent Du Coufin.
le tendre moment qui met les
Coufins en état de perpétuer leur
efpéce.

HORTENSE. Peut-être n'y a-t-il
rien de cela. Puifqu'on ne l'a pas
vû, pourquoi le fuppofer ?

CLARICE. On eft fondé à le faire fur les apparences extérieures
de la figure des Coufins, où l'on
remarque vifiblement la différence des fexes.

HORTENSE. Pourroit-on, fans
s'expofer à en apprendre plus que
l'on ne veut, fçavoir à quelles
marques vous diftinguez le Coufin d'avec la Coufine ?

EUGENE. Le corps du mâle eft
plus allongé que celui de la femelle, il eft plus effilé, & termi-
né par deux forts crochets : il
porte fur la tête un double plu-
met, bien plus élégant que celui
de la femelle. Dans celle-ci on
ne trouve point les crochets, fon

Tome II. O

Du Couſin. corps eſt plus raccourci, & plus
renflé, ſes plumets ſont plus mo-
deſtes. Je pourrois vous donner
encore d'autres témoignages,
mais je ne le ferai que dans le cas
que vous exigerez de moi une
conviction plus parfaite.

CLARICE. Nous ſommes con-
tentes. Voyons ce qui réſulte de
ces différences.

EUGENE. C'eſt la ponte. Des
Auteurs, même parmi les mo-
dernes, ont prétendu que les
Couſins jettoient & diſperſoient
leurs œufs ſur la ſurface de l'eau.
Il leur eût été pourtant facile de
reconnoître le contraire, & pour
ne l'avoir pas fait, ils ont igno-
ré une des plus ſurprenantes, &
des plus admirables induſtries,
dont la nature ait doüé aucun
inſecte. Voici les difficultés que
le Couſin doit ſçavoir prévoir
& prévenir, lorſque le moment
de pondre eſt venu. Le petit ver du b

Cousin doit trouver l'eau à son
arrivée dans le Monde. Il étoit
donc à propos que cet Elément
fût le dépositaire de son œuf;
mais aussi l'œuf ne doit point en
être totalement environné; il faut
qu'il y en ait au moins une partie
qui soit dehors & à sec, pour
recevoir la chaleur qui doit le faire éclorre. Il faut donc qu'il soit
tout à la fois dehors & dedans,
c'est-à-dire, qu'il ne trempe
qu'en partie. Si ces petits œufs
avoient été jettés sur la surface de
l'eau sans précaution, ils auroient
été portés, qui d'un côté, qui de
l'autre, l'agitation de l'eau les eût
balotés, secoués, retournés de
tous les sens; cependant il étoit
essentiel qu'ils restassent debout,
& fermes sur une de leurs pointes, sans courir risque d'être renversés : il falloit qu'ils fussent sur
l'eau, comme sur un corps solide : vous allez voir de quelle fa-

Du Cousin. çon le Cousin s'y prend pour leur donner cette position fixe, sur un des corps à qui cette qualité est le moins dûe. Je vais vous mettre en état de voir tout cela par vous-même, lorsque vous le jugerez à propos. Peu de jours après que vous aurez vû les nymphes d'un baquet se transformer en Cousins, regardez avec attention, vous verrez sur la surface de votre eau des petits tas d'œufs flottans. Voici leur grandeur naturelle; * prenez une bonne loupe, & vous les verrez ainsi: * Si vous avez recours au Microscope, vous les verrez encore mieux. *A la seule inspection de ces œufs, vous reconnoissez qu'ils sont tous collés les uns aux autres. La forme de ces tas n'est point non plus indifférente, étant toujours la même, & par conséquent faite avec dessein; elle imite celle que nous donnons à nos bateaux: ou-

* Planc. XIV. Fig. 6.
* Ib. Fig. 7.
* Ib. Fig. 8.

tre le contour qui eſt le même, Du Couſin.
elles ont les deux extrémités plus
élevées que le milieu, & une
des deux moins aigue que l'autre, ce qui fait une poupe & une
proue. Il n'eſt point queſtion ici
de mât ni de voile; les œufs de
l'aſſemblage deſquels un tas eſt
formé, ont chacun la forme d'une
quille, ils ſont poſés le gros bout
en bas. Lorſque l'on prend un
fort Microſcope pour voir un de
ces œufs ſéparément, on recon-
noît que ce qui avoit paru, ſans ce
ſecours, avoir la forme d'une
quille, a bien plus exactement
celle de certains flacons dont le
gros bout s'arrondit, & vient
bruſquement ſe terminer par un
col court. * C'eſt par ce col que * Planc.
le ver du Couſin ſort de ſon œuf, XIV. Fig.
& ſe trouve d'abord dans ſon élé- 9.
ment: mais comment le Couſin
qui ne peut pondre ces œufs que
l'un après l'autre, vient-il à bout

Du Coufin. de les affembler en tas ? de donner à ce tas une figure fi réguliere ? car le premier œuf qu'il pond tombe fur un liquide, qui bien loin de lui offrir un point fixe qui puiffe l'arrêter, eft toujours difpofé à l'entraîner, à le porter au loin ; le Coufin ne pourroit approcher un fecond œuf du premier qu'en repouffant celui-ci ; nous ne lui voyons point de mains qui puiffent recevoir l'œuf à fa fortie, le faifir, & le retenir, juf qu'à ce qu'un fecond œuf, un troifiéme, un quatriéme &c. lui aient été joints : d'ailleurs fe fiera-t-il encore à un élément dont il vient de fe fauver, & qui lui préfente un tombeau toujours ouvert ?

CLARICE. Je conçois toutes ces difficultés, j'y en ajoûterai même encore une que je crois confidérable. C'eft que je ni vois pas que fes jambes puiffent

le servir dans cette occasion, vû
la longueur de son corps.

EUGENE. C'est de-là cependant qu'il va recevoir son plus
utile secours. Le Cousin qui se
sent pressé du besoin de pondre,
cherche d'abord un corps stable,
mais assez voisin de l'eau, pour
pouvoir être d'un côté à pied sec,
pendant que de l'autre son extrémité postérieure s'étendra sur la
surface de l'eau pour y poser ses
œufs. C'est tantôt sur un corps
contre lequel l'eau s'arrête, comme du bois, une pierre, &c. qu'il
se cramponne avec ses quatre premieres jambes à fleur d'eau, ensorte qu'il n'a plus qu'à allonger
ce long corps que vous lui connoissez, pour pouvoir atteindre
la surface de l'eau. D'autres fois
il choisira une petite feuille qui
flotte, & se posera dessus comme sur un radeau *. Dans l'un &
l'autre cas il se conduit de la ma-

* PLANC.
XV. Fig. 8.

Du Couſin. niere ſuivante. Il ſe poſte de façon que cramponné ſur ſes qua-
tre jambes de devant, le reſte de
ſon corps eſt étendu ſur la ſurface
de l'eau. Je vous ai dit ci-devant
que depuis le corcelet juſqu'à
l'extrémité oppoſée, le corps é-
toit compoſé de huit anneaux.
Le ſeptiéme porte ſur l'eau, & y
touche, mais le huitiéme, qui
eſt celui par lequel les œufs doivent ſortir, ſe courbe en-deſſus
pour s'en éloigner, comme vous
pouvez le voir dans ce deſſein,
où il eſt repréſenté un peu plus

* Planc.
XV. Fig. 8.
Lett. P.
grand que nature *. Il allonge
enſuite la troiſiéme paire de ſes
jambes qui ſont beaucoup plus
longues que les autres, & que
tout l'animal entier. Il les poſe
ſur la ſurface de l'eau, & les croi-
ſe tout près de ſon anus. Cet autre
deſſein vous le repréſente de

* Ib. Fig. 9.
Let. O, O.
grandeur naturelle dans cette ſituation *. L'angle que forment
les

les deux jambes croifées , fait le dénouement de toutes nos difficultés. C'eſt dans cet angle que le Couſin poſe ſon premier œuf. Il l'y conduit avec le bout de ſon anus, qui dans ces eſpéces d'Inſeƈtes a une flexibilité merveilleuſe , qui approche beaucoup de celle de nos mains. Les deux côtés & le fond de l'angle le tiennent aſſujetti, juſqu'à ce qu'un ſecond , un troiſiéme , un quatriéme œuf, & ainſi de ſuite, lui ayant été joints , tous ces œufs ſortent du corps de l'animal enduits d'une liqueur qui les colle l'un à l'autre. Leur arrangement ſuit la figure de l'angle, leurs rangs deviennent plus longs à meſure que l'angle s'ouvre. D'autre part auſſi l'angle s'éloigne de l'anus à proportion que la maſſe d'œufs prend de largeur , juſqu'à ce que parvenue à avoir toute celle que l'animal a jugé à propos de lui don-

Tome II. P

Du Couſin. ner, les jambes ne ſont plus croi-
ſées, mais allongées paralelle-
ment comme deux longues ba-
* Ib. Fig. guettes *. Cependant la ponte
8. Lett. I, I. n'eſt qu'à moitié faite, le Couſin la continue, & alors c'eſt en
diminuant le nombre des œufs
de chaque rang. Il ne les diminue
point juſqu'à rendre ce dernier
bout ci auſſi pointu que le premier qui a commencé par un ſeul
œuf. Voilà ce qui fait la proue &
la poupe, & qui donne un air de
bateau à notre petit tas d'œufs.
Un œuf ſeul n'eût pû ſe ſoutenir
droit ſur l'eau, mais pluſieurs
œufs collés enſemble font une
façon de radeau qui les rend in-
verſables. Ils ſont d'ailleurs d'une
légéreté ſi bien compaſſée avec
la peſanteur que l'eau peut ſup-
porter, qu'ils peuvent y flotter
ſans courir le riſque de couler au
fond. Lorſque tout eſt fini, le
Couſin retire ſes jambes, & voilà

le bâtiment à flot, qui peut voguer en toute sûreté, n'ayant plus
rien à craindre, sauf les tempêtes.

CLARICE. De combien d'œufs
est composé notre bateau, &
combien de tems durera-t-il ?

EUGENE. La ponte d'un Cousin va communément depuis deux
cens cinquante, jusqu'à trois cens
cinquante œufs, qui donnent
chacun un ver au bout de deux
ou trois jours. Outre cette grande fécondité, il y en a plusieurs
générations dans une année.
Comme il ne faut que trois semaines, ou un mois, d'une génération à l'autre, on peut compter six ou sept générations par an,
qui donneront une somme pour
laquelle nous n'avons plus d'ex-
pressions.

CLARICE. Vous m'effrayez. Sur
ce pied-là nous devrions être ac-
tuellement ensevelies dans un
nuage de Cousins.

Du Cousin. CLARICE. Nous y ferions effectivement, si la Nature n'y avoit
pourvû ; elle a voulu que nous
en fussions incommodés, mais
non pas accablés. Comme nous
faisons partie des choses destinées
à la nourriture des Cousins, ils
font eux-mêmes partie de celles
qui sont destinées à d'autres animaux. Les oiseaux, & sur-tout
les hirondelles, en font une terrible destruction. Les Mouches
appellées Demoiselles, les Ich-
neumons, les Guêpes, & quantité d'autres Insectes carnaciers,
sont continuellement à leur pour-
suite. Vous avez vû par combien
de périls ils passent, & combien
il en périt sur l'eau ; ceux-ci servent de pâture aux poissons. Voilà toute mon histoire.

HORTENSE. Elle m'a beau-
coup plû. Je ne la croirai pourtant complette, que lorsque vous
m'aurez donné un reméde pour

appaiser sur le champ la douleur Du Cousin, & les enflûres que cause la piquû-re des Cousins.

EUGENE. Vous me prenez au dépourvû ; non pas que je n'aie beaucoup cherché le reméde que vous désirez, mais parce que je ne l'ai pas trouvé, du moins aussi prompt & aussi souverain que je l'aurois voulu. Tout ce que je sçai de mieux dans ces occasions, c'est de gratter un peu ferme la partie qui vient d'être blessée, & de la laver avec de l'eau fraîche; mais il le faut faire aussi-tôt après que l'on a été piqué : si on laisse au poison le tems de fermenter dans la blessure, on ne doit plus espérer de soulagement. Il arrive souvent que l'on a été piqué long-tems avant que de s'en appercevoir, & alors mon reméde n'a plus de force.

CLARICE. Il faut se contenter du moins, lorsque l'on ne peut

Du Coufin. pas avoir le plus. Voici une autre queftion. Pourquoi y a-t-il des chairs que le Coufin préfère à d'autres ? Je me fuis quelquefois trouvée avec des Dames qui certainement avoient la peau plus belle & plus fine que la mienne, il fembloit cependant que les Coufins les dédaignaffent, & j'avois l'honneur de la préférence.

Eugene. Voici mon fentiment, mais que je ne vous donne que pour être le mien. Ce n'eft point notre chair qui attire le Coufin, il n'en vit point, c'eft notre fang qu'il cherche. Tous les fangs ne font pas de la même qualité ; les uns font plus purs, les autres moins, les uns plus falés que les autres. Leurs différentes qualités varient à l'infini. Il n'y a pas de doute qu'il n'y en ait qui feront plus au goût des Coufins que d'autres. Peut-être font-ce les plus purs ; la préféren-

ce que l'on vous donne me le fait Du Cousin.
croire. Je suppose d'ailleurs aux
Cousins un odorat d'une extrême finesse, tel, par exemple, que
celui du chien de chasse ; cela
leur suffira pour démêler dans
l'atmosphère qui nous environne, & qui émane de notre corps,
la qualité du sang qui y circule ;
c'est-là selon moi ce qui le dé-
termine au choix. N'avez-vous
plus de question à me faire ?

CLARICE. Il ne s'en présente plus à mon esprit. Que pensez-
vous maintenant, Hortense, de
nos Entretiens ? Vous ont-ils fait
quelque plaisir ? Regrettez-vous
le tems que nous y avons passé ?

HORTENSE. Comme mes affaires me rappellent nécessairement
à la ville, le désir de vous voir
encore & de vous entendre , celui de profiter des autres décou-
vertes qu'Eugène nous a promi-
ses, m'en arrachera aussi-tôt que

P iiij

Du Cousin. je serai libre ; & puisque Clarice veut bien me donner l'année prochaine quelques mois de séjour dans sa Terre, j'espère qu'Eugène ne me refusera pas de nous y continuer ses descriptions. Je suis extrêmement satisfaite de tout ce qu'il nous a fait voir & connoître jusqu'à présent. Soyez persuadés que j'en rendrai bon compte à nos amis communs. Je crois qu'ils ne seront pas peu surpris lorsque je leur dirai quels ont été mes amusemens dans cette campagne. Ces gens tout occupés de jeux, de fêtes, de spectacles, de festins, d'intrigues ambitieuses, de visites, de courses, auront assurément peine à comprendre comment des plaisirs aussi tranquilles & aussi innocens que ceux que l'on m'a procuré ici, auront été capables d'attacher une personne de mon âge, accoutumée au tumulte & aux bruyans éclats de la ville. Je penſois comme eux Du Couſin. en arrivant, & je m'en retourne- rai penſant comme vous.

CLARICE. Ne manquez pas de leur décrire auſſi avec votre élo- quence naïve, la maniere dont nous paſſions nos journées. Vous leur parlerez de nos petits repas apprêtés par les mains de la ſimple Nature, dont Flore & Pomone fai- ſoient les plus grands frais, où un vif appétit excité par la promena- de, & par la pureté de l'air que nous reſpirons, animoit notre joie; vous leur parlerez de cette liber- té d'eſprit qu'aucun ſoin n'altère; de ces doux & profonds ſom- meils, de ces ſommeils ruſtiques, comme vous les appellez, aux- quels vous devez le rétabliſſe- ment de votre ſanté. Joignez y encore la ſituation des lieux, la fraîcheur de nos bois, le cryſtal de nos eaux, nos rochers même, car tout y fait, & les plus petites

circonstances sont intéressantes
dans la vie champêtre comme en
amour.

EUGENE. La reconnoissance
veut que vous leur disiez encore
que nous étions alors dans une
paix profonde ; que nos Entretiens se passoient sur les bords du
Rhin, sur les bords de ce Fleuve
si souvent témoin de nos combats, & des retraites précipitées
de nos ennemis, dont l'onde
comme nos jours couloient ensemble & paisiblement sous la
protection d'un Prince aimable,
digne héritier du Héros de son
nom, qui après avoir laissé sur
les Alpes des traces immortelles
de sa valeur, nous faisoit joüir
ici des douceurs du repos, en
formant devant nous une barriere insurmontable aux fureurs de
Bellone, pendant que de toutes parts Mars grondoit sur la
tête de nos ennemis, pendant

que Loüis tonnoit fur les Rives Du Coufin. de l'Efcaut, & chaffoit la Dif- corde bien au-delà des limites de notre Empire.

LETTRE
D'EUGENE
A CLARICE.

LETTRE
D'EUGENE
A CLARICE.

Au sujet des Animaux appellés POLYPES, que l'on fait multiplier & produire leurs semblables, en les coupant par morceaux.

J'AI une nouvelle, Clarice, à vous apprendre, mais une nouvelle importante, & du genre de celles que vous aimez. Elle n'est venue à ma connoissance que depuis que nous eûmes fini nos entretiens sur les Abeilles. Je compte que vous la rece-

vrez avec plaisir, quoiqu'elle dé-
range un peu nos projets ; car
vous vous souvenez qu'après
avoir passé l'Eté dernier à examiner, suivre, & étudier ensemble
l'histoire naturelle des Abeilles,
nous étions convenus de faire
tréve à nos études , & d'employer l'Hyver suivant, (tems où
la Nature dort, & la Chicane veille,) vous, à suivre votre procès,
moi, à ne rien faire. Il étoit dit
encore qu'au retour du Printems
nous nous rassemblerions pour
étudier les Insectes en général,
dont vous désirez avoir une connoissance abrégée : je vous ai même promis de commencer par les
Abeilles sauvages dont je vous ai
vanté les travaux singuliers. Mais
ce tems de repos, ce sommeil de
la nature sur lequel j'avois fondé
une douce oisiveté, vient de se
changer tout-à-coup en un tems
de veilles & d'observations curieuses

rieufes fur un fujet qui veut être vû tout à l'heure ; il n'y a point de tems à perdre. Un chétif Infecte vient de fe montr er au monde, & change ce que nous avions cru jufqu'à préfent être l'ordre immuable de la nature. Les Philofophes en ont été effrayés ; un Poëte vous diroit que la Mort même en a pâli, & qu'elle a craint de perdre fes droits ; car vous verrez par la fuite qu'elle eft intéreffée dans ma nouvelle. Enfin la tête en tourne à ceux qui le voîent. Je n'eus pas plutôt appris cette nouvelle dont je veux vous faire part, que je renonçai fur le champ à ma léthargie. Depuis ce tems j'obferve jour & nuit, & je vois des prodiges. Je vous confeille, Clarice, de laiffer là vos foins domeftiques, de perdre votre procès, de vous plonger dans vos viviers, de pêcher des Polypes,

Tome II. Q

& de voir le plus étonnant spectacle qui se soit jamais présenté à
l'œil humain ; une découverte en
un mot qui déconcerte toute la
nation des raisonneurs. On ne
sçait plus où l'on en est, la raison
s'y perd, l'œil voit, & l'esprit lui
refuse sa foi. Vous conviendrez
qu'il n'est pas possible de rester
tranquille dans un trouble si général. Il est question d'un Phénoméne qui dure depuis le commencement du monde, qui étoit avant
la création de l'homme, & qui
depuis a toujours été sous sa main,
qui se peut voir en Hyver comme en Eté, & se trouve actuelle-
ment sous vos yeux. Il n'a été
cependant bien apperçû que depuis quatre ou cinq ans, & cons-
taté dans ces derniers tems. La
découverte en est dûe au hazard ;
mais ce hazard seroit encore pour
nous en pure perte, s'il ne s'étoit
présenté d'abord à un amateur de

l'histoire des Insectes, (notez ce point) & à un observateur intelligent, digne que la Nature lui découvre ses secrets. Enfin ce Phénoméne est un Polype, animal vivant, bûvant, mangeant, digérant, se promenant, ayant tête, ventre, & bras, que vous trouverez facilement dans vos viviers, & dans les eaux dormantes de vos canaux. Deux propriétés singulieres, parmi un grand nombre d'autres, le tirent hors des loix générales ausquelles tous les autres animaux sont soumis, & le rendent digne de nos empressemens à le connoître. La premiere, est de naître par une voie qui n'a rien de commun avec toutes celles que nous connoissons. Il engendre à la maniere des Plantes. Il n'y a point de différence de sexe entre un Polype & un autre Polype; chacun est tout à la fois le pere & la mere

des petits qu'il met au monde.
Ces petits tout formés sortent de
toute la surface de son corps,
comme les Peintres représentent
Eve sortant du côté d'Adam. Ils
restent quelque tems après leur
naissance debout & implantés sur
cette surface par leur partie inférieure ; & pendant que ces premiers enfans paroissent achevés
de naître, ils en font déja d'autres
semblables à eux, qui en font encore comme les premiers ; en sorte que le pere de toutes ces productions est grand-pere avant que
d'avoir achevé d'enfanter son premier né. Il est à la lettre un arbre
généalogique ; c'est un tronc d'où
la famille sort, comme les branches sortent d'un arbre ; * aussi
l'a-t-on pris souvent pour une
plante aquatique. Sa seconde
propriété produit une double
merveille. Il résiste à la mort,
cette résistance est une seconde

* PLANG.
I. Fig. 1.

façon d'engendrer. Ce qui donneroit la mort à d'autres, ne sert
qu'à le multiplier. Les ciseaux,
les couteaux, les canifs, les lancettes sont pour lui des instru-
mens bienfaisans, lorsqu'on pense en faire usage pour le détruire.
Qu'on le coupe en 10. 20. 30.
40. parties, on n'a fait autre chose que de faire 10. 20. 30. 40. Polypes d'un seul. Hachez-le menu, si vous voulez, comme chair
à pâté, cela lui est indifférent,
peut-être même est-ce lui rendre
service; ce qui seroit une cause
de mort pour tout être vivant, est
source de vie pour lui : chaque
parcelle séparée du tronc devient
en peu de tems un animal aussi
complet que celui dont elle a été
tirée. Qu'on sépare la tête du
corps, ce corps décapité sçaura
se faire en peu de jours une tête
nouvelle, comme la tête séparée
sçaura se faire un corps nouveau.

Qu'on se contente de fendre la
tête depuis le sommet jusqu'au
corps, on voit bien-tôt après ces
• deux demi-têtes, être deux têtes
parfaites sur un même tronc. Que
sans toucher à la tête, on coupe
le corps dans le même sens, la
tête se trouvera bien-tôt avoir
deux corps entiers à nourrir & à
gouverner. Ce que la Fable a de
plus absurde, ce qu'elle n'a pû
donner que pour tel, se trouve
exactement vrai dans le Polype.

En voilà, ce me semble, assez
pour vous faire désirer de connoître un animal si rare. Je vous vois
déja impatiente de tenir un Polype, & de voir par vous-même ce
que je vous annonce. Pour vous
en faciliter les moyens, j'ai jugé
à propos de vous faire une rela-
tion succinte de ce miraculeux
Insecte. Je tirerai ma description
des sçavans & curieux Mémoires que Mr. Trembley vient de

donner au Public. Quoique mon
deſſein ne ſoit que de vous en faire un abrégé pour joindre à notre
hiſtoire des Inſectes, j'eſpère cependant vous en dire aſſez pour
vous mettre en état de trouver
cet animal dans les foſſés de votre château, le connoître, &
vous procurer le plaiſir de faire
ſur lui toutes les curieuſes expériences que l'on a déja tentées,
& d'y ajoûter les vôtres.

Les Anciens ont appellé Polypes un certain genre d'animaux
qui ſont remarquables par une
quantité conſidérable de jambes,
comme ceux qu'on nomme Millepieds, Etoiles de mer, Scolo-
pandres, &c. c'eſt ce que ſignifie
le terme Polype qui eſt tiré du
grec. La plûpart de ces jambes ont été reconnues par les Mo-
dernes pour être auſſi des bras &
des mains, & en faire l'office. Il
y a des Polypes terreſtres, il y en

a d'aquatiques ; ceux-ci sont ou marins ou d'eau douce. Depuis la découverte de Mr. Trembley, tous les Naturalistes sont tombés sur le corps de ces pauvres animaux, & les ont tirés du séjour tranquille où ils vivoient dans leurs marais, pour les forcer à montrer leurs productions étonnantes. Les Polypes marins sont tombés en bonne main. Mrs. de Réaumur & de Jussieu vous en rendront quelque jour bon compte. A l'égard des Polypes d'eau douce, comme Mr. Trembley nous en a donné une histoire très-curieuse & fort bien circonstanciée, c'est à ceux-là que je m'arrêterai, pour vous en conter les merveilles d'après cet exact observateur. Vous trouverez à la fin de ma Lettre quelques desseins qui m'aideront à me faire entendre, & vous donneront le moyen de les découvrir aisément.

Mr. T

Mr. Trembley fait mention de trois efpéces de Polypes d'eau douce, qu'il appelle à longs bras. Voici le portrait de la premiere, qui eft auffi la plus petite. *D. E. eft la tige d'une plante aquatique. Les petits corps G. F. H, font les Polypes attachés à la plante par la queue; comme ils font d'un beau verd, on les confond facilement avec les herbes. Si vous voulez les trouver prefqu'à coup fûr, je m'en vais vous enfeigner le moyen. Cherchez-les dans les eaux où l'on voit croître le Nénufar & la Lentille aquatique. Vous arracherez quelques poignées de ces plantes, vous les tirerez de l'eau, & vous trouverez fréquemment des petits corps verds qui feront attachés en-deffous des feuilles : ce font des Polypes de la premiere efpéce. Lors donc que vous aurez rencontré des plantes qui feront garnies de

PLANC. II.
Fig. 3.

Tome II. R

ces petits corps, soit de ceux qui
font allongés, comme dans la
Planc. fig. 3. * soit de ceux qui font con-
II. Fig. 3. tractés & ramaffés, comme dans
Planc. la fig. 7. * qui vous repréfente
I. Fig. 7. trois Polypes fur le revers d'une
feuille de Nénufar, vous mettrez
ces herbes dans un grand vafe
plein d'eau, dans une cloche à
melon par exemple, que vous
tiendrez fur votre table. Ce fera
pour eux un petit étang, ils y vi-
vront comme dans vos foffés, &
là vous pourrez facilement & à
votre aife, les contempler, les
étudier, & leur rendre, fi cela
vous amufe, le fervice de les
couper par morceaux. Les Polypes vous paroîtront d'abord im-
mobiles, vous les prendrez pour
des points verds qui font fans
conféquence, parce que le mouvement du tranfport les aura fait
contracter; mais après quelque
repos ils fe déveloperont, &

vous les reconnoîtrez au portrait
que je vous en fais. Les rayons
qui environnent la partie anté-
rieure, qui est à leur tête *, leur   * Planc.
servent à - la - fois de bras, de II. Fig. 3.
mains, de jambes. Ils vous mon- let. C,C,C.
treront un doux & lent mouve-
ment, que vous croirez être l'effet de l'agitation du liquide, mais
qui leur est propre, & un acte de
leur volonté. Pour vous en con-
vaincre, vous n'aurez qu'à remuer un peu le vase, ou seulement les toucher, vous verrez
dans l'instant ces rayons disparoî-
tre, & tout l'Insecte se contracter, se raccourcir jusqu'à n'être
plus qu'un grain de matiere verte.

    La seconde espéce de Polype
est plus grande que la précédente. Elle s'attache indifféremment
à toutes sortes de corps, pourvû
qu'ils soient dans l'eau. En voici
la figure. * A. & B. sont deux * Planc.
Polypes attachés par leur partie II. Fig. 2.

poſtérieure au morceau de bois
C. D ; les rayons E. E. E., &c.
ſont ſes bras qui ſont plus longs
que ceux de la premiere eſpéce.
Le corps de ces deux premiers
genres de Polypes va en diminuant inſenſiblement depuis la
tête juſqu'à l'extrémité oppoſée.

La troiſiéme eſpéce eſt encore
plus grande , & porte des bras
d'une prodigieuſe longueur. Ce
deſſein vous en repréſente un au
* Planc. naturel. * Ce Polype-ci a une
III. Fig. 1. queue, c'eſt-à-dire que ſon corps
ne va point en diminuant d'un
bout à l'autre, mais qu'il ceſſe
de croître en groſſeur en D, vers
la moitié environ de ſa longueur,
& le reſte depuis D. juſqu'en B.
paroît n'être qu'un prolonge-
ment, qui n'a d'autre fonction que
celle de l'attacher , ſoit à des
corps ſolides , ſoit à le tenir ſuſ-
pendu à la ſuperficie de l'eau,
comme vous en voyez deux re-

présentés ici dans un verre. * * Planc. III. Fig. 2. Let. B. C.
Vous les connoîtrez encore
mieux dans cet autre deffein qui
vous repréfente un Polype de la
troifiéme efpéce , tiré en grand ,
comme il a été vû au microfco-
pe. * A A. eft la tête ; ces deux * Planc. II. Fig. 1.
petits points noirs B B. font la
bouche , dont la longueur eft tra-
verfée par un des bras qui paffent
devant. C,C,C, &c. font les bras
qui naiffent autour de la bouche,
E. eft la queue du Polype attachée contre un morceau de bois.

La premiere de ces trois efpéces eft toujours d'un beau verd ,
les deux autres ont la couleur des
alimens dont ils fe nourriffent ;
car ils font fi tranfparens , qu'ils
n'ont prefque point de couleur
propre.

Le nombre de leurs bras eft
affez communément depuis fix
jufqu'à douze ; on en a vû cependant de la feconde efpéce aller

R iij

jufqu'à dix-huit. Ces bras ne naiſſent pas tous en même tems, ni
avec l'Inſecte; ils ſe ſuccédent,
ſans qu'on ait pû jufqu'à préſent
découvrir de régle certaine de
cette ſucceſſion. Ceux des Polypes verds ſont les plus courts, ils
ne paſſent guère trois lignes de
longueur. La ſeconde eſpéce porte les ſiens depuis un jufqu'à trois
pouces, & ceux de la troiſiéme,
que nous appellons Polypes à
longs bras, ſont démeſurément
longs, comme vous le pouvez
voir dans leur portrait *. Tous ces

*PLANC.
III. Fig. 1.

bras paroiſſent comme des fils de
toile d'Araignée, ils ſont auſſi
déliés: ils peuvent cependant s'allonger, ſe contracter indépen-
damment les uns des autres. Ils
ſont ſuſceptibles d'inflexions par-
tout & en tout ſens. Quoiqu'ils
vous paroiſſent mêlés comme des
cheveux, ils ſçavent bien ſe dé-
barraſſer, & agir indépendam-

ment les uns des autres. Ils fuin-
tent une efpéce de glu qui leur
fert à arrêter les Infectes qui en
approchent, ils ont le fecret de
faire agir ou rendre inutile cette
glu, fuivant leurs befoins.

Le corps des Polypes verdsa
entre cinq & fix lignes de longueur. Celui de la feconde &
troifiéme efpéce, entre huit &
douze lignes. On en a vû s'étendre jufqu'à dix-huit.

Ces animaux marchent & changent de lieu. Leurs jambes, que
nous appellons auffi leurs bras,
n'interviennent dans cet exercice
que comme les mains d'un homme couché, & qui veut fe relever. L'inflexion du corps a la plus
grande part à l'exécution d'un
pas; leur mouvement progreffif
reffemble à celui de ces Chenilles que nous appellons arpenteu-
fes. On diroit de celles-ci qu'elles toifent le chemin qu'elles font

avec leur corps. Les Polypes
marchent de même, mais ne font
pas fi diligens ; ils exécutent cette opération avec une extrême
lenteur ; ils s'arrêtent souvent au
milieu d'un pas. Ils ont encore
une autre façon d'aller fort fingu-
liere , & que nous trouverions
plaifante , fi elle fe faifoit avec
plus de vivacité. Ils font la roue
comme les petits garçons : ils s'é-
lévent alternativement fur la tête
& fur la queue , mais toujours a-
vec une lenteur qui ne peut nous
plaire, parce qu'elle ne peut s'ac-
commoder avec notre impatience : fept ou huit pouces de chemin eft une bonne journée pour
un Polype ; c'eft comme fept ou
huit lieues pour vous quand vous
êtes en voyage. Lorfque vous les
éleverez dans des vafes de verre,
vous leur verrez faire tous les
mouvemens dont ils font capables ; vous les verrez monter le

long des parois du verre, ou des
plantes, jusqu'à la superficie de
l'eau, passer sous cette superficie,
la traverser, s'y arrêter pour se
suspendre par la queue * ou par
un bras, & souvent aller de l'autre côté du verre.

* PLANC.
III. Fig. 2.
Let. B. C.

La bouche prend diverses figures, suivant que les circonstances le demandent d'elle. Elle
s'allonge quelquefois comme celle d'un homme qui fait la moue;
d'autres fois elle s'enfonce jusqu'à représenter un petit creux;
dans d'autres occasions elle paroît toute platte, ou simplement
ouverte. Cette bouche joint l'estomac immédiatement, elle n'en
est proprement que l'orifice : &
depuis son ouverture jusqu'à l'extrémité opposée du corps, tout
l'animal n'est qu'un sac creux
d'un bout à l'autre, sans qu'on y
rencontre aucune membrane, ni
aucune partie intérieure capable

d'arrêter les corps qui y entrent.
Lorſque l'on ouvre des Vers,
des Chenilles, ou autres Inſectes, on trouve dans leurs corps,
outre leur eſtomac, différens vaiſ-
ſeaux & inteſtins; on y voit quelque choſe enfin qui déſigne une
machine compoſée. On ne voit
rien de tout cela dans le Polype;
il n'eſt d'un bout à l'autre qu'un
canal vuide lorſqu'il n'y a point
d'alimens. La peau du Polype
depuis le haut juſqu'en bas, eſt la
peau même de ſon eſtomac; en
un mot, il eſt tout ventre, car ici
ventre & eſtomac ſont ſynony-
mes. Je ne voudrois cependant
pas affirmer qu'il n'y eût des parties analogues à celles qui nous
paroiſſent manquer, & qui ont
échappé aux recherches de l'ob-
ſervateur; il vous ſeroit glorieux
de les découvrir. En attendant il
nous paroît clair, & les yeux nous
diſent que ce canal, ce ſac depuis

la bouche de l'Infecte jufqu'à l'autre extrémité, eft le canal des alimens, que c'eft-là qu'ils font broyés, digérés, & mis en état de fervir à la nutrition. Il doit donc y avoir dans la peau qui forme cet eftomac, des parties qui reçoivent le fuc nourricier ; il doit encore s'y trouver tous les organes requis pour opérer la nutrition & l'accroiffement, fans parler de tous ceux qui font néceffaires pour produire leurs différens mouvemens, comme des mufcles, des nerfs, la circulation des liqueurs, le cours des efprits, la génération. Je ne vois point de difficulté de croire que toutes les parties qui fervent au jeu de la machine, font contenues dans l'épaiffeur des chairs.

Ces chairs préfentent encore une fingularité qui mérite d'être remarquée. Quand on confidère au microfcope les deux fuperfi-

cies, l'extérieure & l'intérieure ;
elles paroissent toutes couvertes
de petits grains ; on en trouve
aussi dans l'épaisseur. Ces grains
ne paroissent point adhérens à la
substance de l'animal, ils s'en détachent facilement. Lorsqu'on
coupe sa peau, tous ceux qui sont
vers les bords coupés, se répandent comme les grains d'un cha-
pelet défilé. Je ne sçaurois vous
dire ce que c'est que ces grains,
je ne puis que soupçonner leur
usage dont je vous parlerai ci-
après. Il est certain qu'ils en ont
un, & même bien essentiel, car
une indication presque assurée
d'une maladie mortelle pour le
Polype, c'est la perte de ses grains.
Il arrive assez souvent qu'ils se
détachent d'eux-mêmes en grande quantité; alors le Polype change de figure, il se raccourcit, se
renfle, ses bras deviennent mon-
* PLANC. ftrueux, * il devient blanchâtre, ou
I. Fig. 5.

il perd tout-à-fait sa forme , & en peu de tems l'animal disparoît totalement , il ne reste de tout ce qu'il étoit qu'un tas de grains.

Les Polypes ne nagent point. Ils s'attachent fortement par la queue , & avec leur glu , contre les corps sur lesquels ils s'arrêtent. Une autre façon de se fixer, & qui leur est familiere , est de se tenir suspendus à la superficie de l'eau, la tête en-bas & la queue en-haut , comme ceux que vous voyez ici *. Mille gens verroient un Insecte ainsi suspendu , sans qu'il leur vînt dans l'esprit de s'informer par quel ressort, comment cette suspension peut se faire , pourquoi ils ne tombent pas au fond. Vous n'êtes point de ceux qui pensent si peu , & M. Trembley n'avoit garde de nous laisser ignorer par quel artifice cela se fait ; il l'a vû, & nous l'apprend. Un Polype fixé contre un

* PLANC. III. Fig. 2. Let. B. C.

corps , par exemple , à la parois
d'un verre , la tête en-bas comme
ils font communément , & qui
veut s'en détacher pour se mettre en pleine eau, commence par
éloigner sa tête des parois du
verre , & l'éléve insensiblement
jusqu'au-dessus de la superficie de
l'eau *. La partie de la tête qui
est dehors, se séche promptement , & cette partie séchée
ayant moins de disposition, par
cela même qu'elle est séche , à
s'enfoncer dans l'eau, que celle
qui est déja humide, suffit pour
faire équilibre avec le reste du
corps. L'animal se sentant affer-
mi du côté de la tête , détache sa
queue du verre, & l'éléve, comme il a fait la tête , à la surface
de l'eau, où la petite portion qu'il
a soin de mettre dehors , se séche
pareillement. Alors le Polype
laisse tomber sa tête & le reste de
son corps , qui demeure suspen-

* Ib. Let.
D.

du par ce petit bout de queue fé-
chée. Une expérience commune, & que vous connoiſſez, vous
apprend pourquoi ſi peu de choſe ſuffit pour l'empêcher de couler au fond. Vous avez quelquefois poſé ſur la ſurface de l'eau
une épingle ou une aiguille bien
ſéche ; vous avez vû qu'elle s'y
ſoutenoit , & qu'elle étoit même
capable de porter un petit poids.
Appliquez cet exemple à la
queue de notre Polype.

Les Polypes ont-ils des yeux ,
ou ſont-ils tout œil ? queſtion que
nous tâcherons d'examiner enſemble , & de décider , ſi elle
peut l'être. M. Trembley ne leur
en a point trouvé. Je n'en ai pû
appercevoir avec les meilleures
loupes ; cependant on a des preuves qu'ils aiment la lumiere, & la
cherchent. Nous pourrions croire
que tout leur corps eſt frappé par
la lumiere dans toutes ſes parties,

comme le nôtre l'est dans celles
qui composent notre œil. Il y a
bien de l'apparence qu'ils n'ont
pas besoin de voir les objets si
distinctement que nous, que leur
nécessaire sur cet article est bien
court ; & par conséquent qu'ils
peuvent se passer aussi d'un grand
appareil pour produire en eux une
simple sensation de la lumiere.
La multitude & la prodigieuse
longueur de leurs bras qui flot-
tent dans l'eau, & y occupent
un grand espace, est comme un
filet toujours tendu, où les petits
Insectes qui nagent & vaguent
au hazard, vont tomber. Car les
Polypes ne courent point après
leur proie, c'est la proie qui vient
se jetter dans leurs bras; mais aussi
il est nécessaire qu'ils puissent
trouver les lieux où cette proie
est la plus abondante : or c'est
toujours dans les endroits les plus
éclairés que ces petits Insectes

se rassemblent. Il étoit donc d'u-
ne utilité indispensable aux Polypes d'avoir un sentiment qui
les conduisît vers la lumiere, pour
y trouver leur vie. Une expérience facile à faire autorise beaucoup le sentiment que je vous
propose. Si l'on coupe un Polype par le milieu du corps, n'importe où, les deux parties séparées, tant celle qui est privée de
tête, que celle qui posséde encore la sienne, s'avanceront également du côté de la lumiere, si
le côté où on les a placés, en est
privé.

Parmi les Insectes dont les Polypes font le plus volontiers leur
nourriture, on connoît principalement une espéce de Millepieds,
dont voici la figure *. M. de
Réaumur dans ses Mémoires le
nomme Millepieds à dards, pour
le distinguer des autres espéces
de Millepieds, & parce que celui-

* PLANC.
I. Fig. 6.

Tome II.   S

ci porte à sa partie postérieure
une pointe assez longue & fort
fine. Son séjour ordinaire est sur
les plantes aquatiques, où on le
trouve souvent en grande abondance. Il nage à la façon des Ser-
pens ; son dard & le nombre prodigieux de ses jambes pourroient
faire croire qu'il seroit moins ac-
cessible qu'un autre aux surprises
de son ennemi, soit parce qu'il
est armé, soit parce qu'il paroît
capable d'une prompte fuite.
Tout cela ne le garantit point des
piéges du Polype. Un Polype de
la troisiéme espéce peut donner
jusqu'à un pied de diamétre à la
circonférence que ses bras occupent. Lorsque le Millepieds nage au milieu de l'eau, ou court
sur des corps où sont étendus ces
longs bras, il suffit qu'il en rencontre quelqu'un, qu'il y touche
seulement, il en est aussi-tôt saisi.
La premiere force qui l'arrête est

cette efpéce de glu, dont les bras
des Polypes font enduits. Le Millepieds vif & impatient, qui fe
fent pris aux gluaux, fe débat,
tâche de fe dégager ; le bras qui
l'a arrêté, averti par cette réfif-
tance, fe contracte auffi-tôt, en-
tortille fa proie ; & fi cela ne fuf-
fit pas, d'autres bras viennent au
fecours. L'attaque & la défenfe
produifent un petit combat a-
gréable à voir ; mais enfin il finit
prefque toujours aux dépens du
Millepieds, qui eft bientôt conduit vers la bouche, & dévoré.

Lorfqu'un Polype n'a point de
quoi manger, il ne laiffe pas de
tenir toujours la bouche ouverte, & toute prête à bien faire.
Elle eft à la vérité fi petite alors,
qu'il faut une loupe pour la voir ;
au lieu que dès que les bras ont
ramené une proie fur cette bouche, elle s'ouvre plus ou moins,
à proportion de la groffeur & de

la figure du morceau qui lui est
présenté. Ses lévres se dilatent
& s'ajustent si exactement sur la
proie, qu'elles semblent affecter
de la mouler. Si un Millepieds
ou autre Vermisseau, se présente
à la bouche par un de ses bouts,
il entre tout de suite dans le corps
du Polype. S'il n'est pas plus long
que l'estomac de celui qui l'a
mangé, il le remplit en entier.
S'il est plus long, il s'y replie ;
car le Polype ne sçait ni mâcher,
ni couper ses morceaux. Si la
proie se présente de travers, comme par le milieu du corps, la
bouche du mangeur trouve le secret de la plier en deux, & de la
faire descendre dans son estomac
par une espéce de succion.

Lorsque le Polype est bien repu, & a le ventre plein, son corps
devient plus court, plus large,
plus ramassé, ses bras se con-
tractent, il reste sans mouvement,

pareffeux, & comme endormi. Il eſt alors la véritable image d'un gourmand raffaſié. Sa figure eſt toute changée, elle eſt telle que vous la voyez ici ; * mais à meſu- re qu'il digère, il reprend ſa pre- miere forme, & ſon ancienne gourmandiſe ; car cet animal eſt très-vorace & grand mangeur.

    Ce n'eſt pas ſeulement aux Millepieds qu'il en veut, lorſ- qu'il étend ſes grands bras ; ce ſont des piéges qu'il dreſſe éga- lement à la plûpart des petits In- ſectes qui nagent dans les eaux. M. Trembley a remarqué entr'au- tres un petit Puceron qui y eſt fort commun, & qui multiplie beaucoup. Voici ſa figure de grandeur naturelle. * La voilà groſſie au microſcope. * Ce Pu- ceron eſt rougeâtre, & ſautille dans l'eau ; il eſt un mets friand pour notre Polype, qui le dévo- re avec une extrême avidité. C'eſt

* PLANC. I. Fig. 2.

* PLANC. I. Fig. 8.
* Ibid. Fig. 9.

un vrai paſſe-tems de voir un
Polype faire un repas de Pucerons. Lorſque pluſieurs de ces
petits animaux ſe ſont pris en même tems à ſes bras, il ne les lâche
point qu'il ne les ait avalés tous
les uns après les autres. En quelqu'endroit du bras qu'un Puceron donne, il y eſt arrêté ſur le
champ par la liqueur viſqueuſe
dont ce bras eſt enduit, il ſe débat pour ſe tirer du danger qu'il
connoît; mais le Polype l'en-
tortille promptement, & c'en eſt
fait du Puceron; car le bras du
Polype ſe raccourcit auſſitôt en
ſe contournant en façon de tire-
bourre, juſqu'à ce qu'il ſoit arrivé
à la hauteur de ſa tête: alors le
courbant un peu, il approche la
proie de ſa bouche. Comme un
Puceron eſt un morceau d'une
groſſeur démeſurée pour la bouche d'un Polype, & qu'il faut
pourtant qu'il y paſſe, celui-ci

dilate fi prodigieufement fes lévres, que ce n'eft plus une bouche alors, mais une gueule énorme qui engloutit le Puceron
tout vivant. On le voit defcendre
dans fon ventre, où il eft bientôt
fuivi d'un compagnon, qui l'eft
lui-même de quatre ou cinq autres qui entrent à la file en fe pouf-
fant. Le Polype en peut avaler
ainfi jufqu'à une douzaine de fuite.

Ces animaux étant tranfparens
comme le verre, on voit facilement tout ce qui fe paffe dans
leur corps, de quelle façon les Infectes avalés s'y arrangent ; on y
voit jufqu'à la maniere dont fe
fait la digeftion. Ce feroit une
avanture heureufe, fi le Polype
étoit venu mettre fin à cette ancienne & fameufe difpute qui
partage depuis tant d'années nos
plus habiles Médecins : *Si la di-*
geftion fe fait par trituration, ou
par diffolution. Si on s'en rapporte

u Polype, tout le monde aura raison. Le Polype digère des deux façons. Prenez un Polype dans le tems qu'il n'aura encore mangé qu'avec modération, la grande tranfparence de fon corps vous laiffera voir facilement le balottement des alimens, qui font pouffés & repouffés du haut en bas dans l'eftomac par un mouvement périftaltique, femblable à celui de nos inteftins. Si vous lui laiffez achever fon repas, ce qu'il fera jufqu'à être prêt à crever, il n'y aura plus de mouvement périftaltique, du moins fenfible, ni de balottement des alimens; cependant la digeftion fe fera. Je dois vous avertir que lorfque vous voudrez voir faire une digeftion bien diftinctement, il faudra nourrir vos Polypes d'alimens faciles à broyer, & qui foient charnus: car fi vous leur donnez des Pucerons, des Mille-pieds,

pieds , ou autres Infectes qui
foient écailleux, vous ne verrez
rien. L'eftomac de notre gourmand n'a point la force de broyer
des parties auffi folides que les
écailles dont ces petits Infectes
font couverts ; mais leur chair y
eft feulement macérée & fondue,
& le Polype fe contente d'en ex-
traire tout le fuc par une efpéce
de fuccion que fon eftomac fçait
faire ; il rejette enfuite les écailles
par la bouche. Il fuce auffi avec
fes lévres, & tire le fuc des Infectes qui par leur groffeur ne
peuvent entrer dans fon ventre.
Cet animal eft fi goulu, qu'il avale
quelquefois avec fa proie, celui
de fes bras qui lui porte à manger.

Son appétit , tout prodigieux
qu'il foit, eft cependant réglé
par les Saifons : il décroît avec
l'Eté , & la néceffité de prendre des alimens finit quand les
glaces commencent ; mais il eft

Tome II. T.

tel en Eté, & surtout dans les
jours les plus chauds, qu'il n'est
pas rare de voir un Polype avaler un ver pour le moins aussi
épais que lui, & trois ou quatre
fois aussi long. Vous pouvez juger par-là de la prodigieuse di-
latation que son estomac peut
souffrir.

Un tel appétit ne pouvoit
guère manquer d'être accompagné d'une grande facilité de
digérer. Quelque fort que soit
le repas d'un Polype en Eté, la
digestion en est faite au bout de
douze heures. C'est par la bouche qu'il rejette le superflu de
sa nourriture, & toutes les matieres qu'il n'a pû digérer.

La voracité de notre Polype,
qui va jusqu'à se manger les bras
sans nécessité, vous porteroit à
croire que dans un tems de famine ces animaux seroient capables de se dévorer les uns les au-

tres. Peut-être que la bonne volonté ne leur manque pas ; mais
ils fçavent qu'ils ne font pas faits
pour fe fervir réciproquement
de nourriture. M. Trembley
nous en a donné deux preuves
affez fingulieres & curieufes ;
l'une eft dûe à fa fagacité, l'autre à fon induftrie. Il a remarqué plufieurs fois que deux Polypes ayant faifi en même tems
un même ver, l'un par la tête,
l'autre par la queue, chacun des
deux contendans fe dépêcha
d'introduire dans fon ventre la
partie faifie, & chacun allant
toujours en avant, ils fe rencon-
trerent bien-tôt bouche à bouche.
Il fut alors queftion de fçavoir à
qui le ver refteroit ; aucun de nos
deux gourmands ne vouloit céder. Ils tiraillerent pendant quelque tems la miférable victime,
qui en fe rompant par le milieu,
les mit d'accord. Mais il a vû

auffi que lorfque la proie réfifte
à leurs efforts, & ne permet pas
le partage, le plus vigoureux des
deux Polypes termine la querelle
en avalant fon concurrent avec
la portion du ver qu'il a dans le
corps. Vous croyez peut-être que
c'en eft fait des jours du Polype
avalé. Point du tout, l'avaleur
le garde dans fon ventre, jufqu'à
ce qu'il ait dégorgé fa proie :
c'eft tout ce qu'il en exige. Celui ci refte dans ce goufre quelquefois pendant plus d'une heure, & en fort à jeun, mais fain
& fauf, quoique le ver difputé
foit déja digéré ; car la digestion du plus long ver eft pour un
Polype l'ouvrage d'un quart
d'heure.

C'eft de cette obfervation que
M. Trembley conjeCtura qu'un
Polype étoit une matiere abfolument indigefte pour un autre Polype. Pour s'en affurer d'une ma-

niere inconteſtable, il a trouvé le
ſecret de faire entrer un petit Polype dans le ventre d'un plus
gros, qu'il avoit eu ſoin de tenir
affamé. Le petit eſt quelquefois
reſté quatre ou cinq jours dans ce
ventre, & en eſt toujours ſorti
plein de vie, de ſanté, & tel
qu'il étoit entré. Vous pourrez
ajoûter à ces preuves celle d'un
bras avalé, qui eſt pareillement
rejetté ſans aucune altération,
quoique la proie avec laquelle
il eſt deſcendu dans le ventre,
ait été entiérement conſom-
mée.

Tout eſt compaſſé dans la nature avec une providence admirable. Cet Inſecte glouton, vo-
race, & qui vous paroît inſatia-
ble, eſt cependant capable d'un
très-long jeûne. Comme il n'eſt
point fait pour courir après ſa
nourriture, & qu'il faut qu'il l'at-
tende du hazard, lequel peut ſou-

vent lui manquer au befoin, fa vie
dépendroit trop de l'inconftance
de la fortune, s'il n'avoit pas le
talent d'attendre patiemment fes
faveurs. C'eft ce qu'il peut faire
pendant un tems dont les Infectes feuls font capables. M. Trembley a confervé dans des verres
des Polypes privés de tout aliment pendant quatre mois : il eft
vrai qu'ils vont toujours en diminuant de volume, à proportion
de la longueur du jeûne ; mais
cette déperdition de leur fubftance fe répare promptement, quand
ils trouvent de quoi repaître.

De l'humeur dont je vous connois, quelque confiance que
vous ayez en nous, vous voudrez voir, vous voudrez nourrir
des Polypes, & vous aurez raifon. Il faut donc vous en faciliter
les moyens ; car on n'a pas toujours des Pucerons & des Millepieds à fa difpofition ; les Puce-

rons à la vérité font la nourriture
la plus abondante & la plus facile à trouver en Eté pour nourrir
les Polypes que l'on veut élever
chez foi. Dans les jours chauds,
& pendant un tems calme, on
voit des foffés dont l'eau en eft fi
remplie, qu'elle en prend une
teinture rougeâtre. Après ceux-ci
ce font les Millepieds. Lorfque
la faifon des Pucerons & des
Millepieds eft paffée, on peut
fuppléer à cette nourriture par de
petits vers fins comme des cheveux, qui ont fouvent un pouce
& plus de longueur. Les uns nagent, d'autres fe raffemblent en
tas au fond des foffés. On ne les
apperçoit pas facilement du premier coup d'œil : il faut de l'attention pour les trouver. Ils fe
tiennent ordinairement dans la
terre, le corps moitié dedans,
moitié dehors ; cette derniere
moitié eft dans une agitation ver-

miculaire & continuelle. La pê-
che n'en est pas facile. Je n'ai pas
eu de peine cependant à en nourrir mes Polypes. J'avois mis de
ce sable des fossés dans le fond
d'une de mes cloches, où les
longs bras des Polypes s'étendant au long & au large, sçurent
bien les rencontrer. Des petits
poissons de trois ou quatre lignes
de longueur peuvent servir aussi
de nourriture aux Polypes. Si
tout cela vous manquoit, il y a
encore bien des ressources. Des
vers de terre, des limaces, des
entrailles de poisson, de la viande
même de boucherie peuvent y
suppléer, pourvû que le tout soit
haché très-menu.

Il y a encore une maniere de
mettre les Polypes à leur aise
pendant l'Eté, & de s'épargner
la peine d'aller à la chasse pour
eux, c'est de les mettre dans des
baquets de bois pleins d'eau, au

fond defquels on aura mis une couche de quelques pouces d'épaiffeur de terre ou de fable, tiré d'une mare ou d'un foffé, & les laiffer au grand air : ce fable tout chargé de germes d'Infectes leur en fournira long-tems.

La vûe d'un Polype mangeant a fourni à M. Trembley une idée qui vous paroîtra d'abord plaifante & bifare, qui ne pouvoit cependant partir que d'une tête très-philofophique. C'eft celle qui lui fit imaginer de mettre, pour ainfi dire, des Polypes à la teinture, de les rendre noirs, rouges, verds, blancs, de les faire paffer d'une couleur à l'autre à fa volonté. Ayant confidéré des Polypes avec attention, pendant qu'ils tiroient le fuc des animaux, il remarqua que ce fuc fe répandoit dans toute la maffe du corps, & y confervoit long tems fa couleur propre, que l'animal

qui eſt tranſparent en contractoit
la teinture. Tout le monde eût
pû faire cette remarque comme
M. Trembley. Combien de gens
s'en ſeroient tenus là, croyant
avoir tout vû; mais vous ſçavez,
Clarice, qu'un eſprit accoutumé
à obſerver la nature, voit encore
bien des choſes, quand les autres
ne voient plus rien. Il lui reſtoit
à ſçavoir ſi cette couleur étoit
fixe ou paſſagère, ſi elle ne faiſoit
point dans le Polype l'effet que
le vin fait dans un verre: il falloit
la varier pour voir ſi cet effet eſt
conſtant dans tous les cas. Pour
s'en éclaircir, il nourrit des Polypes de la ſeconde & troiſiéme
eſpéce, de différens alimens. Il
donna aux uns certains vers que
l'on trouve dans l'eau, dont les
inteſtins ſont pleins d'une matiere qui tire ſur le cramoiſi: les
Polypes devinrent rouges. Il
donna à d'autres des petites Li-

maces aquatiques noires, coupées par morceaux, les Polypes
devinrent noirs. Il en nourrit
d'autres avec les Pucerons du
Rofier, qui font extrêmement
verds, & ceux-ci furent verds.
Ils ne conferverent pas feulement ces différentes couleurs,
pendant que le fuc extrait des
animaux mangés refta dans leur
eftomac, mais encore long-tems
après la digeftion : par conféquent la liqueur colorée s'étoit
introduite dans leur fubftance,
qui en avoit pris la teinture. Si
après les avoir teints, on cefle
de les nourrir, la couleur perfifte
un tems confidérable, & ne fe
pafle que peu à peu ; on en voit
encore de teintes au bout de
quinze jours ; jufqu'à ce qu'enfin
étant entierement difparue, l'a-
nimal devient blanc. En exami-
nant de près où fe logeoit ce fuc
coloré, M. Trembley a reconnu

que ces grains dont je vous ai
parlé, qui font répandus dans
toute l'habitude du corps, en
étoient les réfervoirs. D'où l'on
peut conclure que ces grains font
des glandes deftinées à filtrer les
liqueurs qui entretiennent la vie
du Polype, & par conféquent
qu'ils lui font d'une extrême
conféquence.

Si vous voulez conferver vos
Polypes, du moins ceux que
vous deftinerez à des expériences, il faudra fouvent changer
leur eau; car celle qui fe cor-
rompt leur eft mortelle. Il faudra
auffi que vous ayez foin de les
nettoyer d'une efpéce de vermine qui les tue. C'eft un petit Infe-
&te plat, qui multiplie prodigieufement fur eux, qui s'y attache
& les fuce, & qui, parvenu à
un certain point de multiplication, les détruit en total. Quand
ils n'ont mangé que la tête & les

bras d'un Polype, ce n'eſt rien, cela ſe répare; mais quand ils ſont en aſſez grand nombre, comme cela arrive ſouvent, pour attaquer l'animal par tous les bouts à la fois, ils l'ont bien-tôt anéanti. Ce n'eſt point une choſe difficile d'en délivrer les Polypes. Il n'y a qu'à les balayer douce-ment avec un petit pinceau, on fait tomber cette vermine, & le le Polype eſt bien-tôt guéri de toutes les plaies qu'elle a pû lui faire.

J'ai oublié de vous dire en ſon lieu, que pendant l'hyver les Polypes ſe tiennent au fond de l'eau, & ſur la ſuperficie du ſol. Ce n'eſt que lorſque la chaleur eſt revenue qu'ils montent au haut des plantes.

Je crois que vous avez aſſez de cet éclairciſſement pour être préſentement au fait des Polypes d'eau douce, connoître leur figure, leur façon de vivre, leur nourriture, leurs maladies. Paſſons à leur génération. Cet article ne ſera pas moins curieux, par la nouveauté des faits qu'il vous apprendra.

Je vous ai déja prévenue, Clarice, ſur la naiſſance des Polypes. Je vous ai dit qu'un Polype met au monde des petits ſans l'intervention d'un autre animal de ſon eſpéce, qu'il n'a aucun beſoin de ſecours étrangers pour perpétuer ſa race, qu'il ſe ſuffit à lui-même. Ainſi le chapitre de l'amour ſera ici tiré *pour Mémoire*, comme diſent les Comptables. Je pourrai vous parler de génération, ſans qu'il ſoit queſtion d'amour, & vos oreilles tranquilles ſe feront à ce terme, comme à ceux d'addition, de multiplication, &c.

Il eſt indifférent de donner le nom de pere ou celui de

mere à un Polype qui en engendre un autre, puisqu'il n'y a point
de différence de sexe entr'eux,
& qu'ils ont tous également la
faculté générative; mais comme
il faut s'en tenir à quelque terme,
je me servirai, avec M. Trembley, du nom de mere, pour dé-
signer un Polype qui en met un
autre au monde.

Lorsque vous voudrez voir la
génération d'un Polype, il faudra vous adresser à ceux de la
seconde & troisiéme espéce: ces
objets étant plus gros, vous les
suivrez avec plus de facilité; &
voici ce que vous verrez. La
naissance d'un Polype se déclare
par une légère excroissance que
l'on apperçoit sur le corps d'une
mere. * Elle n'a point de lieu * Planc.
fixe & déterminé; on en voit I. Fig. 4.
par-tout, excepté à la tête de Let. E.
tous, & à la queue de ceux de
la troisiéme espéce. Cette ex-

croiſſance ſe termine en pointe.
Elle eſt d'une couleur plus fon-
cée que le reſte du corps. A
meſure qu'elle s'éléve, la pointe
diſparoît, & ſe change en bouton. Ce bouton eſt la tête du
#Ib. Let.C. Polype naiſſant. * C'eſt alors que
les bras commencent à pouſſer
autour de la bouche. On en voit
d'abord 4 ou 5. & quelques jours
après d'autres ſuccédent ; ils
n'ont point de tems fixé pour
naître ; ſemblables en cela aux
dents de nos enfans, qui pouſſent
plus tôt ou plus tard. On a vû
des Polypes à qui il eſt venu des
bras plus d'un an après leur naiſſance. Le progrès du jeune Polype après ſa premiere proviſion
de bras, conſiſte à ſe tirer inſenſiblement hors du corps de ſa
mere. Il en ſort dans une direc-
tion à peu près horiſontale, com-
* PLANC. me une branche ſort du tronc
I. Fig. 3. d'un arbre ; * & lorſqu'il ne tient
Let. A.
plus

plus que par le bout de fa queue, il s'arrête, & y reste un certain tems. Ce tems, tant celui de l'accroissement de l'animal, que celui où il doit abandonner fa mere, est encore illimité, il dépend des faisons & de l'abondance de la nourriture. Dans des jours fort chauds, un Polype est formé & féparé en 24 heures. Dans des jours moins chauds, il ne l'est qu'au bout de quinze jours, & en hyver il lui faut cinq à fix femaines. Quand la nourriture est abondante, le petit en parvient plus tôt à fa perfection, & quitte aussi plus tôt fa mere; quand elle est rare, l'accroissement en est plus lent. Il arrive même quelquefois, quand il y a difette, que le petit quitte fa mere d'impatience, & va chercher à vivre ailleurs.

La défunion d'un jeune Polype du corps de fa mere, fem-

ble demander quelque violence.
Ils se préparent tous deux à cette
opération , en se cramponnant
de part & d'autre contre un corps
solide , d'où tirant chacun de son
côté , la désunion est bien-tôt
faite.

Mais je reviens au Polype
avant cette désunion, & lorsqu'il
n'est encore qu'une branche de
sa mere. * Dans cet état, il arrête déja la proie & la mange.
Cette singularité a conduit notre
sçavant Observateur à en découvrir une autre, que l'on refuseroit
de croire, si l'on n'étoit persuadé
qu'elle a été bien vûe. Si mon
témoignage peut fortifier auprès
de vous celui de M. Trembley,
vous pouvez l'y joindre , car j'ai
vû aussi le fait que j'ai à vous raconter. C'est un enfant qui n'est
point encore achevé de naître ,
& qui nourrit déja lui seul sa
mere & ses freres , & partage

* PLANC.
I. Fig. 3.
Lett. A.

avec eux fa fubfiftance. Vous pourrez facilement voir vous-même cette merveille. Nourriffez dans un verre à part un Polype qui ait un jeune Polype hors de fon corps, mais qui y foit encore attaché par la queue. Donnez de la nourriture en même tems à la mere & au fils, donnez-leur à chacun un Infecte qui foit d'une couleur un peu haute, afin de vous rendre les objets plus fenfibles, vous verrez l'Infecte paffer par l'eftomac du fils, & conduit tout de fuite dans celui de la mere, qui fe charge de la digeftion des deux, & le renvoie bien digéré à fon petit. N'en donnez qu'à la mere feule, le fils tirera également fa part du fuc nourricier qui fe forme dans l'eftomac de fa mere. Enfin nourriffez le fils feul, il tranfmettra fa digeftion à fa mere, & fi dans ce tems-là il a des petits freres, c'eft-à-dire, d'autres Polypes qui foient nés à peu près en même tems que lui, & qui tiennent pareillement au corps de la mere commune, il nourrira toute la famille. On trouve des tems qui donnent à ces expériences toute la lumiere & tout l'agrément poffible. Quand les Polypes font placés dans les endroits où les Infectes abondent, la mere & les petits dévorent fouvent en même tems plufieurs proies, & ces alimens qui fe trouvent d'abord partagés dans leurs eftomacs, fe réuniffent & fe mêlent lorfqu'ils font réduits en fubftance liquide. C'eft ce que l'on peut voir avec plus de plaifir, en donnant à une mere un ver à entrailles rouges, & au jeune, un morceau de limace noire. On découvre quelque tems après leur repas, que ces deux différens alimens ont changé de maî-

tre ; que le fuc rouge eft paſſé
dans l'eſtomac du jeune , & le
fuc noir dans l'eſtomac de la
mere. On peut voir même ces
matieres noire & rouge , paſſer
d'un eſtomac dans l'autre. Elles
font d'abord bien diſtinctes ; mais
à force d'être portées & repor-
tées de part & d'autre , elles ſe
mêlent , & forment un tout compoſé des deux couleurs : ce qui
prouve clairement que la mere
& les enfans profitent en commun des alimens que chacun
prend en particulier.

Ce que vous venez de lire des
petits qui ſortent pluſieurs enſemble du corps d'une mere,
me conduit à vous parler de la
prodigieuſe fécondité de cet Inſecte.

Remettez - vous devant les
yeux une mere Polype qui pouſ-
ſe hors de ſes flancs pluſieurs
petits. M. Trembley en a vû juf-

qu'à 18 à la fois fur des Polypes
qu'il nourriſſoit lui-même , &
qu'il tenoit dans l'abondance ;
mais il n'en a jamais trouvé plus
de 7 fur ceux qui étoient en liberté dans les étangs. Il a reconnu
par l'expérience , que l'abondante nourriture augmentoit la fécondité.

Que des petits naiſſent fans ac-
couplement préalable , & par le
côté de leur mere , c'étoit déja
une merveille aſſez grande , &
par fa nouveauté, & parce qu'elle
détruit des idées qui paſſoient
parmi nous pour ne ſouffrir aucune exception. La nature a voulu cependant y en ajoûter une
autre fi finguliere, qu'elle doit
nous faire craindre d'être trop
hardis , lorfque nous entrepre-
nons d'aſſigner des limites à fa
puiſſance.

Un petit tient encore au corps
de fa mere , il n'en eſt pas entie-

rement forti, qu'il eft déja capable d'en enfanter d'autres, &
ces autres encore d'autres. Toutes les paroles du monde ne vous
rendroient pas ce phénomèn eſi
fenfible, que la vûe de l'objet
même. Jettez les yeux fur ce
deſſein qui vous le repréſente au
naturel. * A. B. eſt une mere   * Planc.
Polype qui pend par fa queue à I. Fig. 1.
la furface de l'eau. C. D. eſt un
de fes enfans qui n'a pas encore
quitté le corps de fa mere. F.
eſt un enfant de cet enfant, qui
commence pareillement à naître.
Il en eſt de même des autres
branches; & le tout enſemble
fait une façon d'arbre renverſé,
mais un arbre mangeant, mar-
chant, végétant & pouſſant des
branches. Il femble que la Nature
fe foit plû à raſſembler dans un
feul fujet, ce que nous avions
crû juſqu'à préſent faire un caractère diftinctif entre les plantes
& les animaux.

Cette multiplication ſi prompte, n'eſt pas encore au point du
plus grand étonnement ; mais le
voici ce point. Un jeune Polype
peut, 4 ou 5 jours après qu'il a
commencé de naître, avoir lui-
même des petits qui commencent auſſi à pouſſer ; ainſi il ne
faut à un Polype pendant des
jours chauds, à dater du jour de
ſa naiſſance, que 4 ou 5 jours
pour devenir mere. Suppoſons
un Polype ſeul, né le premier
du mois. Au bout de cinq jours,
il commencera à donner des petits. Je n'en ſuppoſerai que quatre. Ces quatre petits le 10 du
mois, feront meres chacun de
quatre autres, ce qui fera 16,
leſquels le 15 en auront produit
64, & ces 64 en donneront le
vingt 256, qui le 25 ſeront multipliés juſqu'à 1024, & enfin
le trente à 4096. Je ne vous
ai calculé que la deſcendance
d'un

d'un feul Polype , de celui , par * Planc. I. Fig. 1.
exemple , qui eft notté dans no-
tre deffein par les lettres C , D ;
mais pendant ce tems-là , la mere
primitive a continué de donner
naiffance à d'autres tous les cinq
jours , & toutes les lignes col-
latérales en ont fait autant. Je
vous laiffe le foin d'achever ce
calcul , vous trouverez que votre premier Polype fera mere ,
grand-mere , bifayeule au bout
du mois de plufieurs millions
d'enfans. Hé, que fera-ce au bout
de l'année ?

J'aurois encore bien des chofes à vous dire fur cet article. Je
les remets pour notre premiere
entrevûe, & pour paffer au plus
tôt à une autre façon d'engendrer , que nous n'avions garde
de foupçonner, & qui multiplie
encore la race des Polypes.

Un voyageur qui nous auroit
dit autrefois avoir vû un Pays où

on multiplie les êtres vivans en
les coupant par morceaux, qu'u-
ne tête coupée, un bras, une
jambe séparés se transforment
tous en autant d'animaux semblables à celui qui a été mis en
piéces ; auroit passé pour un con-
teur de fables absurdes & ridicu-
les. La raison la plus sage n'eût
reçu de pareils contes qu'avec le
plus parfait mépris ; & cependant, cela se trouve aujourd'hui
très-véritable parmi l'espéce des
Polypes. Je ne prétends pas vous
dire par-là qu'il faille respecter
les fables ; mais seulement que
cela nous apprend à être circon-
pects sur la négative, quand il est
question de prononcer sur ce
que la Nature peut, ou ne peut
pas faire, & jusqu'où elle peut
étendre ses ressources. Ce n'est
pas dans un coin du monde, c'est
par tout pays, & presque dans
toutes les eaux tranquilles, dont

le fond vaseux produit des Plantes propres à nourrir des Infectes,
que l'on voit ce phénomène.
Vous dire qu'on l'a vû, que l'on
a contribué à le produire, ce feroit déja pour vous, Clarice,
qui connoiffez ceux en qui vous
avez placé votre confiance, une
raifon fuffifante de le croire ;
mais vous mettre à portée de le
voir, de contribuer vous-même
à cette furprenante multiplication, c'eft, à ce que je crois,
vous fatisfaire d'une maniere
complette. J'efpère y parvenir
en vous difant comment il faut
vous y prendre pour cela, toutes
les expériences curieufes que
l'on peut faire à ce fujet, & ce
qui en réfulte.

Vous mettrez d'abord un Polype avec un peu d'eau dans le
creux de votre main ; cela ne fe
pourra faire fans que l'animal in-
quiété par ce mouvement, ne

se contracte & ne se raccourcisse ; mais vous laisserez votre main tranquille pendant quelques momens, le Polype s'étendra, & vous pourrez prendre facilement votre tems pour le couper en deux avec des ciseaux. Lorsque cela sera fait, vous mettrez dans deux verres différens les deux parties de l'animal partagé, & vous remarquerez que la partie où la tête sera restée, marchera, & mangera le jour même qu'elle aura été séparée, pourvû que ce soit dans des jours chauds ; & plus tard, à proportion que le tems se refroidira. A l'égard de la partie postérieure, elle restera immobile au fond du verre. Le seul signe de vie que celle-ci donnera dans ce premier moment, sera de s'attacher par la queue, & quelquefois de se tenir de bout sur ce fond.

Suivons ces deux parties sé-

parément, & voyons comme
elles ſe remettront de leur ef-
froyablebleſſure ; de quelle façon
d'un coup de ciſeaux, & d'un ſeul
animal on en fait deux. Je commence par la partie poſtérieure.
Repréſentez-vous ce tronçon de
Polype, à qui il manque une
tête & la moitié du corps. Dans
cet état, ſes deux extrémités ſont,
d'une part la queue, de l'autre,
l'ouverture du ventre coupé par
la moitié. Dans les premiers in-
ſtans, les bords de cette ouverture ſont un peu renverſés en
dehors ; mais peu après ils ren-
trent, & ſe replient en-dedans,
& donnent à ce bout une forme
un peu renflée. C'eſt-là où ſe
doit faire une tête nouvelle. Il
n'eſt pas aiſé, je crois même
qu'il eſt impoſſible de voir comment cela ſe fait ; mais on voit
que cela eſt fait lorſqu'on commence à appercevoir des bras

* PLANC.
II. Fig. 4.
Lett. C.

*qui s'élévent & croiſſent préci-
ſément comme ceux des jeunes
Polypes. On voit d'abord les
pointes de 3 ou 4 qui ſortent
des bords de cette extrémité ; &
pendant que ceux-là croiſſent,
les autres viennent ſucceſſivement. C'eſt alors que la nouvelle
tête eſt parfaitement formée. On
en eſt convaincu en voyant que
les bras ſont déja en état d'arrêter
la proie, & le Polype de l'avaler.
Cette réproduction ſe fait plus ou
moins vîte, ſuivant qu'il fait plus
ou moins chaud. On a vû dans
des jours d'Eté, la partie de-der-
riere, ou ſi vous voulez, le rable d'un Polype, pouſſer des
bras au bout de 24 heures, &
parvenir en deux jours à être un
Polype parfait, tendant ſes filets,
ſaiſiſſant la proie, & la mangeant :
mais à meſure que l'hyver approche, il leur faut plus de tems. Ils
n'y parviennent dans des tems

froids qu'au bout de 15 ou 20
jours. La partie de la tête n'a pas
tant à faire pour reproduire ce
qu'on lui a retranché. Son bout
postérieur qui avoit tout le diamétre du corps dans le moment
qu'il a été coupé, s'étreffit, s'allonge, & devient bien-tôt pareil
à la partie qu'on a supprimée.

Quand vous aurez une fois
commencé à exercer vos ciseaux
sur un Polype, vous n'en don-
nerez plus un coup qu'il n'en ré-
sulte un prodige, vous croirez
être dans le pays des métamorphofes.

Prenez un Polype qui pousse
plusieurs petits à la fois. Partagez-
le de façon qu'il y ait des petits
naiffans attachés à chacune des
parties coupées. Ces petits vous
paroîtront ne rien souffrir de la
terrible opération que vous aurez
faite à leur mere. Ils continueront
d'attaquer la proie, & de vivre

comme à l'ordinaire. Ils feront
plus ; chacun partagera fa fubftance avec le tronçon auquel il
fera refté attaché ; & ces tronçons de leur côté travaillant à
fe reftituer en leur entier, deviendront pour chacun des petits
une mere nouvelle.

Si dans un Polype que vous
couperez en plufieurs parties, il
s'en trouvoit quelqu'une qui fût
difpofée à enfanter dans le tems
de l'opération, le partage de ces
parties n'arrêtera point l'enfante-
ment. Le petit naîtra, croîtra,
& mangera, comme il auroit fait
fur une mere faine & entiere.

Contentez-vous de retrancher
de la tête cette efpéce de couron-
ne ou de cercle dont les bras fortent : quelque mince que vous
le coupiez, il s'en formera un
Polype. M. Trembley a coupé
des parties de ce cercle, auf-
quelles il ne reftoit que deux ou

trois bras, elles font devenues des Polypes complets.

Voici une autre façon d'occafionner un prodige des plus frappans. Vous prendrez une mere Polype qui ait encore des petits attachés à fon corps : le nombre n'y fait rien. Suppofons qu'elle en ait trois. Vous couperez la tête à la mere & aux trois enfans ; vous mettrez ces quatre têtes dans un vafe d'eau féparément, & vous verrez quelques jours après que les quatre corps décapités, fe feront donné chacun une tête, & les quatre têtes de l'autre vafe chacune un corps.

Je ne vous ai parlé jufqu'à préfent que de partager un Polype en deux, & je vous ai prévenu dès le commencement de ma lettre, que cette divifion pouvoit aller beaucoup plus loin. En effet, il peut être partagé en autant de parties, qu'une main

adroite peut diviser un auffi petit
corps. Si vous le divifez, par
exemple, en quatre, il y aura les
deux extrémités dont vous fçavez
déja le fort; l'une eft une tête qui
n'a qu'un corps à fe donner, l'autre eft un corps qui n'a qu'une
tête à produire; mais les parties
intermédiaires n'ont ni queue ni
tête. On pourroit douter avec
raifon, fi la feconde & la troifiéme partie, qui ne font que des
tronçons d'eftomac, font capables d'une pareille reproduction.
L'expérience vous décidera cette queftion. Vous verrez que les
parties intermédiaires d'un Polype divifé, foit en quatre, foit
en autant de parties qu'il vous
plaira, fe reproduiront comme
les deux extrêmes, & fe donneront tout ce qui leur manque.

M. Trembley a effayé fi des
bras coupés ou des portions de

bras deviendroient des Polypes.
Ses tentatives n'ont point réuſſi.
Il n'oſe pourtant pas aſſurer que
le ſuccès en ſoit impoſſible.

Je m'attends à une objection
de votre part. Un Polype produit
par la ſection d'un autre Polype,
eſt-il d'une auſſi bonne conſtitu-
tion que celui qui eſt né par la
voie ordinaire, & qui n'a ſouf-
fert aucune mutilation dans ſon
corps? N'auroit-il pas du moins
perdu la faculté génératrice, ou
quelqu'autre qualité eſſentielle?
Pour répondre à cette queſtion
d'après l'expérience qui en a été
faite, je vous dirai, que toutes
choſes d'ailleurs égales, vous
ne trouverez aucune différence
entr'eux.

Je ne trouverois point extraordinaire que vous cruſſiez,
qu'après avoir coupé un Polype
en tant de façons différentes, on
fût au bout de la diviſion. Mais

vous allez voir jufqu'où peut aller un efprit qui fçait tourner &
retourner fes objets de tous les
fens. M. Trembley a imaginé de
les couper fuivant leur longueur
depuis le fommet de la tête jufqu'à l'autre extrémité du corps.
Cette opération eft bien plus difficile que la précédente, parce
qu'un corps long & menu eft
moins propre à être partagé en
ce fens que par fon diamétre. Il
faut avoir recours à des expé-
diens pour en venir à bout. En
voici un qui m'a rendu l'opération aifée. Lorfque je veux couper un Polype en long, je commence, fuivant l'avis de M.
Trembley, par lui donner abon-
damment à vivre ; le gourmand
ne fe fait pas prier pour fe remplir le ventre. Quand je le vois
bien plein d'alimens, je le faifis
dans cet état, je le pofe fur un
de mes doigts que j'ai muni au-

paravant, soit d'un gand, soit
d'un petit morceau de cuir. Le
Polype étant bien repu, en est
plus gonflé, & par conséquent
plus court & plus large, il donne
plus de prise à l'opération. Alors
je pose le tranchant d'un canif
bien affilé sur mon animal, & le
dirige suivant la longueur de son
corps. Lorsque je vois que le
tranchant de mon canif répond
exactement à toute la longueur
du Polype, je baisse la main
prestement, & voilà mon Insecte divisé en deux parties, dont
chacune emporte avec soi une
moitié de la tête, & une partie
des bras. Je jette aussitôt ces
deux moitiés dans l'eau. En une
heure, & quelquefois en moins,
j'ai deux Polypes parfaits ayant
chacun une tête entiere, un ventre qui a toute sa capacité, & des
bras prêts à lui fournir son nécessaire. Partout ailleurs il y

auroit de quoi en mourir , chez
nos Polypes, c'est multiplier l'espéce , c'est les faire engendrer à
coups de canif. M. Trembley a
vû des Polypes manger trois
heures après la section ; mais il
a vû plus que cela. Il a vû, en
Philosophe qui sçait ce qu'il faut
remarquer , comment se fait cette
reproduction. Je vous ai dit ci-
dessus qu'un Polype est un tuyau ;
lorsqu'il est divisé suivant sa longueur , ce sont deux demi-
tuyaux. Aussitôt que l'animal a
été coupé , il paroît qu'il souffre ;
les deux parties séparées se con-
tournent & se roulent de différentes manieres ; mais bien-tôt
après les deux bords de chaque
demi-tuyau se rapprochent , se
joignent , & se réunissent si bien ,
qu'on ne voit aucune cicatrice :
en même tems chacune des demi-têtes s'arrondit , devient une
tête parfaite, & des bras crois-

sent autour de la partie nouvellement formée, en sorte qu'il ne
reste absolument aucune différence entre ces Polypes, & ceux
qui n'ont pas été coupés.

Jusqu'ici vous avez lieu, ce
me semble, Clarice, d'être assez
contente de notre Phénoméne.
Quand je n'aurois plus d'autres
faits à vous apprendre, je pense
que ce que je vous ai dit seroit
bien suffisant pour exciter votre
curiosité. Il m'en reste cependant encore beaucoup qui ne le
cédent point aux précédens. Je
ne vous en rapporterai, pour ainsi
dire, que les textes, afin de ne
point faire un livre d'une lettre.

On peut couper des Polypes
en long, & les partager, non-
seulement en deux, mais en quatre parties, & alors on aura quatre Polypes. Poussant la division
plus loin, on parviendra à le
couper en lanieres. Si ces lanie-

res se trouvent assez larges pour
que les deux lisieres puissent se
rapprocher, se joindre, & former un tuyau, elles se joindront,
& ce sera un estomac qui suffira
pour rétablir le Polype en entier. Si elles ne sont pas assez
larges, elles se renfleront, un
estomac nouveau se formera
dans l'épaisseur de la peau, &
vous retrouverez un Polype.

Ouvrez un Polype en long par
le milieu du corps, étendez sa
peau, comme on fait celle d'un
animal écorché, déchiquetez-la
à droite, à gauche, donnez-lui
tant de coups de ciseaux qu'il
vous plaira, pourvû que vous ne
sépariez point les parties coupées, qu'elles se tiennent encore
toutes par quelque bout, & que
vous le rejettiez dans l'eau, il
sçaura bien-tôt rajuster toutes ses
piéces, & se rendre complet. Ce
que cette opération vous présen-
tera

tera encore de singulier, c'est que vous verrez sortir du corps de ce Polype restitué plusieurs têtes & plusieurs queues.

Enfin coupez un Polype en petits morceaux, hachez-le aussi menu que vous pourrez, un peuple de Polypes naîtra des ruines d'un seul.

Vous voyez que je ne vous ai point exagéré, lorsque je vous ai annoncé qu'un Polype résiste à la mort, que c'est un animal, pour ainsi dire, intuable. Il l'est effectivement en détail, il faut pour le faire mourir le prendre en gros, ou que la faim, les maladies, ou la vieillesse s'en mêlent.

Le Polype peut souffrir des opérations qui ne vous paroîtront guère moins rudes, que celles d'être mis en piéces. M. Trembley a trouvé le secret de retourner un Polype comme on retourne un bas de foie. Cette imagination eft hardie & fingu-liere. Ce qui peut juftifier de l'avoir eu, c'eft qu'elle a réuffi. Vous concevez, qu'ainfi retour-né, l'intérieur de l'eftomac de-vient la peau extérieure du Po-lype, & que la peau extérieure devient l'intérieur de l'eftomac. Il paroît que cela devroit ren-verfer toute l'œconomie anima-le. Il ne lui en coûte cependant que quatre ou cinq jours de pa-tience pour fe faire un eftomac nouveau. On peut même le tour-ner & retourner plufieurs fois de fuite. Les petits attachés à un Polype retourné fe retournent auffi.

Si l'on fait entrer un Polype dans un autre Polype, tout le mal qui en arrivera à l'un & à l'autre, c'eft que celui qui eft dedans fera rejetté par la bouche de l'autre, comme je vous l'ai déja dit plus haut, ou bien il lui percera le ventre, & se sauvera par cette ouverture.

M. Trembley a eu l'adresse d'embrocher des Polypes de bien des façons, dont aucune n'a été capable de les faire périr. Il a fait plus; il a embroché deux Polypes enfermés l'un dans l'autre; & malgré l'état violent où il les tenoit, le Polype extérieur mangeóit & digéroit comme à l'ordinaire. Vous serez peut-être bien aise de sçavoir quelle est l'espéce de broche dont il s'est servi pour cette opération, afin d'en faire usage: c'est une soie de Porc.

On remarque quelquefois que deux Polypes mis l'un dans l'autre se confondent, & n'en font plus qu'un. Que si on approche deux portions de Polypes coupées, elles se réunissent; mais ceci n'est que dans des circons-

tances qui ne font pas encore
bien connues. Il faut voir dans
les Mémoires de M. Trembley
beaucoup d'autres expériences
que je paſſe ſous ſilence, pour
finir par une derniere qui n'eſt
pas moins ſinguliere que les autres, & qui vous procurera un
ſpectacle curieux & aſſez réjoüiſ-
ſant.

Partagez la tête d'un Polype
en deux, en la coupant en long
depuis le ſommet juſqu'où commence le corps, ces deux demies
têtes deviendront en peu de tems
deux têtes parfaites. Réitérez la
même opération ſur ces deux
têtes, vous en ferez quatre :
traitez de même ces quatre, vous
en ferez huit. Le corps reſtant
toujours unique, ſe trouvera à la
fin porteur de huit têtes, qui feront toutes les mêmes fonctions
que faiſoit la premiere. Opérez
de la même maniere ſur le corps

sans offenser la tête, vous ferez huit corps qui seront nourris & conduits par une seule tête. N'est-ce pas là l'Hydre de la Fable réalisé bien exactement.

Voilà, Clarice, une histoire capable de vous fournir une ample matiere à réflexions. Je ne doute pas que votre imagination ne se proméne & ne s'exerce sur tous les faits que je viens de vous raconter, & je suis sûr que vous ne laisserez pas échapper ceux qui vous paroîtront conduire à la connoissance de l'ame des bêtes. Je vous donne avis que vous y pourrez trouver un fort argument en faveur du Méchanisme Cartésien, qui est votre opinion favorite. Si j'avois pris parti, & que je fusse de votre sentiment, il me semble que je trouverois dans le Polype de quoi embarrasser beaucoup vos adversaires.

J'en rencontrai un l'autre jour
des plus vifs fur cet article, contre lequel je fis l'effai de mon
Argument. C'eft une avanture
que je veux vous conter. Voici
comme les chofes fe pafferent.
J'abordai mon homme un Polype à la main , & lui portant
l'animal fous les yeux , Vois-tu,
lui dis-je, cet Infecte ? Réponds
à ma queftion ? A-t-il une ame,
où n'en a-t-il point ? Il faut dire
oui ou non , car il n'y a point
ici de milieu. Oui , me dit-il.
Cette ame , continuai-je , inftinct , ou fubftance penfante ,
comme tu voudras l'appeller ,
eft-elle fpirituelle ou matérielle ?
Ton Infecte , me répondit-il , a-
t-il des mouvemens volontaires
& libres ? Agit-il en conféquence d'un raifonnement ? Je ne fçai,
lui dis-je, en conféquence de quoi
il raifonne , ni s'il raifonne ; mais
je fçai qu'il tend des piéges aux

les Infectes dont il veut se nourrir ;
qu'il cherche les endroits où ils
sont en plus grand nombre ;
qu'aussitôt qu'il les a attrapés, il
les enlace avec ses bras de peur
qu'ils ne lui échappent , qu'il les
porte à sa bouche , qu'il ouvre
plus ou moins suivant la grosseur
du volume , qu'il les retourne
lorsqu'ils se présentent de travers ; je sçai que quand on le
met dans un lieu privé de lumiere , il marche , & se transporte
dans quelqu'autre endroit où il
pourra être mieux éclairé. Je sçai
que lorsque deux Polypes ont at-
trapé une proie en commun, ils
se la disputent, & que le plus
fort use de violence contre le plus
foible. Donc , me dit-il , ton
Polype raisonne ; s'il raisonne ,
il a une ame , ou au moins une
substance pensante , & par conséquent spirituelle ; car la matiere est incapable de raisonner

& de penfer : je te paffe, lui ré-
pliquai-je, ta conclufion.

Suivant elle on peut donc couper un efprit en deux, en quatre,
en cent parties. Nous fçavons à
préfent qu'un Polype divifé con-
ferve en chacune de fes parties
féparées toutes les propriétés
d'un animal vivant & raifonnant.
Or en conféquence de tes principes, il faut que tu conviennes
que l'ame des Bêtes, ou cette
faculté qui réfide en elles, & qui
raifonne, eft fécable, qu'on
peut la partager à coups de ci-
feaux, comme on feroit un fil.
Ou bien que tu difes qu'un Polype a autant d'ames, ou de facultés raifonnantes, qu'il a de
parties divifibles qui conftituent
fon être. Arrange, fi tu peux,
tes idées là-deffus. Après cette
brufque attaque, je le quittai,
me faifant une fecréte joie de
l'embarras où je le laiffois ; car il
est

eft de ces hommes finguliers qui veulent tout expliquer, & qui penfent que la nature ne doit point avoir de fecret pour eux.

M'ayant rejoint à l'inftant, Arrête, me dit-il, écoute ; nier & méprifer ce qui paffe fes connoiffances, c'eft l'ufage de votre école & le ftyle de la préfomption. Beaucoup font profeffion de Philofophie, les vrais Philofophes font rares. C'eft peu d'obferver la Nature pour en connoître les effets, fi l'on ne pénétre la caufe qui les produit, & les principes dont elle fe fert. Pour en acquérir la connoiffance, il te faut dépouiller de prévention, recevoir les impreffions de la vérité, étudier & méditer. Afin de t'en faciliter les moyens, je veux bien t'ouvrir la premiere barriere de notre occulte fcience hermétique ; c'eft à la vraie pratique de cette fcience que la Nature a

confié tous ſes ſecrets, & dévoilé
ſes myſtères.

Sçaches donc qu'il eſt un eſprit répandu par tout l'Univers ;
que cet eſprit, lumiere & feu de
nature, toujours déſireux de s'in-
corporer, ſans ceſſe agiſſant,
animant & vivifiant, ſuſceptible
de toutes les formes, eſt premier
principe & cauſe générale de
toutes les productions dans les
trois regnes. Chaque ſujet en a
ſa portion ; il n'eſt tel que par lui,
& faute de lui, il eſt réduit dans
les élémens dont il l'avoit compoſé, pour ſervir de matiere à
des productions nouvelles.

Cet eſprit par les Sages eſt
ſouvent appellé Mercure ; il eſt
la baſe de leurs ſecrets. Inviſible
pour tous, il ne ſe découvre qu'à
eux ſeuls par ſon action, dans
une ſuite d'opérations ſimples,
& toutes inconnues à vos plus
célébres Artiſtes. Ne cherche

pas ailleurs qu'en ce même efprit, principe des minéraux, &
l'humide inféparable qui le contient, la matiere premiere, que
les Philofophes te difent qui fe
trouve en toi, en moi, dans les
fumiers, & par-tout ; le myftère
eft révélé.

Cet efprit maîtrifant & fou-
mis agit diverfement fuivant les
fujets dans lefquels il fe renferme, ou plûtôt les matrices dans
lefquelles il opère. Contenu aux
cœurs des animaux, il communique fon action à toutes les parties, & fuivant la difpofition des
organes, il donne cette faculté
de penfer, que nous appellons
inftinct ; de forte que n'étant
qu'un feul & unique fujet non
compofé, qui occupe tout le
corps, on ne doit pas être furpris de la promptitude des fen-
fations, & de l'activité du fentiment.

La Nature en a pourvû tous les animaux, & il y fait fa fonction de la maniere qu'elle a jugé convenable à la confervation & à la propagation de chaque efpéce : les actions habituelles ou indifférentes de l'homme même, ne doivent le plus fouvent leur principe qu'à ce même inftinct ; mais l'Auteur de la Nature a imprimé dans fon ame un caractère diftinctif, qui doue fa raifon d'une vertu pénétrante & éclairée, pour la rendre capable de le comprendre, l'adorer, le fervir & l'aimer.

Cet efprit, étendant comme j'ai dit, fon action par tout le corps de l'animal, au moyen de fa puiffance multiplicative à l'infini, il fe communique lui-même & fa vertu générative dans la femence, qui, jettée dans une matrice propre, produit par le mélange & la chaleur, un animal femblable.

Quant aux végétaux, c'eſt ce même eſprit renfermé dans la ſemence ou dans le germe, qui non-ſeulement conſtitue leur être & leur donne la vie, mais qui par ſa puiſſance attractive ſe charge du ſoin de leur entretien & de leur nourriture. Si tu euſſes reconnu ce principe lors de ta curieuſe Diſſertation ſur les Plantes, & leur analogie avec les Inſectes, toutes difficultés ſe ſeroient applanies devant toi, & tu n'aurois pas forcé l'air, en tant que matiere, à devenir agent principal, où il n'eſt qu'agent ſubordonné, de même que les autres élémens.

Concluſion : Ton Polype eſt un genre entre l'animal & le végétable qui tient de l'un & de l'autre. Chaque partie de ſon corps eſt douée de cet eſprit, de cette ſemence prolifique ; c'eſt comme autant de boutures & autant de germes, où il renferme toutes ses facultés, à l'exception des bras, où il imprime seulement son action, à peu près comme aux racines des plantes, qui croissent & s'étendent pour aller chercher & recevoir la nourriture nécessaire à la plante. Voilà la résolution de ton Problême. Il me quitta ensuite aussi brusquement que j'avois prétendu le faire, & me laissa à penser. Je rappellai tout ce que mon Philosophe m'avoit dit; j'y trouvai des choses capables de piquer la curiosité. J'allai dès le matin pour le trouver, & tirer de lui des explications plus étendues sur les matieres dont il me paroissoit avoir des connoissances ou des idées peu communes : je sçus qu'il étoit sorti de la ville une heure après qu'il m'eut quitté, & l'on n'a pas eu de ses nouvelles depuis. A vous parler franche-

ment, je n'ai pas regretté long-
tems l'abfence de ce perfonnage ;
fes difcours, quoique profonds,
fentoient trop la cabale, & je
n'eus jamais le goût de m'initier
dans ces myftères fantaftiques.

Je fuis . . . . .

A Strasbourg, *ce* . . . . . 1744.

Fin du Tome fecond.

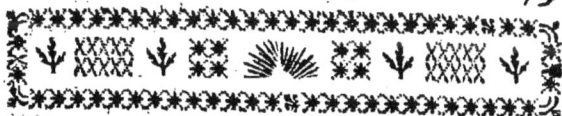

TABLE

DES MATIERES

Contenues dans cet Ouvrage.

Le Chifre Romain marque le Tome ; le Chifre Arabe la Page.

A.

ABEILLES. Belles qualités de ces Insectes. *Tome I. page* 2. Les *Abeilles* nous montrent le spectacle le plus frappant de la puissance du Créateur. *Ibid.* Définition des *Abeilles. I.* 25. Leurs différentes espéces. *I.* 26. Erreur des Anciens au sujet des *Abeilles.* Abeilles Cardeuses, coupeuses de feuilles, Maçonnes, Ménuisieres, Solitaires, Tapissieres : Voyez ces mots. *Abeilles* qui font leurs nids de membranes soyeuses. Voyez *Nids.*

Aëriennes. Espéce de Guêpes. *II.* 90. Dans quels lieux elles font leurs nids.

C.

Fin de la Table des Matieres.

APPROBATION.

J'AI lû par ordre de Monseigneur le Chancelier un Manuscrit qui a pour titre, *Abregé de l'Histoire des Insectes, pour servir de suite à l'Histoire naturelle des Abeilles*, & j'ai cru qu'on pouvoit en permettre l'impression. A Paris ce 20. Décembre 1746.

MAUNOIR.

PRIVILEGE DU ROI.

LOUIS, par la grace de Dieu, Roi de France & de Navarre, à nos amés & féaux Conseillers, les Gens tenans nos Cours de Parlement, Maîtres des Requêtes ordinaires de notre Hôtel, Grand-Conseil, Prevôt de Paris, Baillifs, Sénéchaux, leurs Lieutenans Civils, & autres nos Justiciers qu'il appartiendra : SALUT. Notre Bien amé le Sieur BAZIN Nous a fait exposer qu'il désireroit faire imprimer, & donner au public un Ouvrage qui a pour titre : *Abregé de l'Histoire naturelle des Insectes*, s'il Nous plaisoit lui accorder nos Lettres de Privilége pour ce nécessaires ; A CES CAUSES, voulant favorablement traiter l'Exposant, Nous lui avons permis, & permettons par ces Présentes, de faire imprimer ledit Ouvrage en un ou plusieurs Volumes, & autant de fois que bon lui semblera, & de le faire vendre, & débiter par tout notre Royaume pendant le tems de neuf années consécutives, à compter du jour de la date desdites Présentes. Fai-

fons défenfes à toutes fortes de perfonnes
de quelque qualité & condition qu'elles
foient, d'en introduire d'impreffion étrangère dans aucun lieu de notre obéiffance ;
comme auffi à tous Libraires-Imprimeurs,
d'imprimer, ou faire imprimer, vendre,
faire vendre, débiter, ni contrefaire ledit
Ouvrage, ni d'en faire aucun extrait, fous
quelque prétexte que ce foit, d'augmenta-
tion ou correction, changemens ou autres,
fans la permiffion expreffe & par écrit dudit Expofant, ou de ceux qui auront droit
de lui, à peine de confifcation des Exemplaires contrefaits, de trois mille livres
d'amende contre chacun des contreve-
nans, dont un tiers à Nous, un tiers à
l'Hôtel-Dieu de Paris, l'autre tiers 'au-
dit Expofant, ou à celui qui aura droit
de lui ; & de tous dépens, dommages &
intérêts. A la charge que ces Préfentes feront enregiftrées tout au long fur le Re-
giftre de la Communauté des Libraires &
Imprimeurs de Paris, dans trois mois de
la date d'icelles ; que l'impreffion dudit
Ouvrage fera faite dans notre Royaume,
& non ailleurs, en bon papier & beaux
caractères, conformément à la Feuille
imprimée & attachée pour modéle fous le
contrefcel des Préfentes ; que l'Impétrant
fe conformera en tout aux Réglemens de
la Librairie, & notamment à celui du 10.
Avril 1725. Qu'avant de l'expofer en ven-
te, le Manufcrit qui aura fervi de copie à
l'impreffion dudit Ouvrage, fera remis
dans le même état où l'Approbation y aura été donnée, ès mains de notre très-cher

& féal Chevalier le Sieur Daguesseau Chancelier de France, Commandeur de nos Ordres ; & qu'il en sera ensuite remis deux Exemplaires dans notre Bibliothéque publique, un dans celle de notre Château du Louvre, & un dans celle de notre très - cher & féal Chevalier le Sieur Daguesseau, Chancelier de France ; le tout à peine de nullité des Présentes. Du contenu desquelles vous mandons & enjoignons de faire joüir ledit Exposant, & ses ayans cause, pleinement & paisiblement, sans souffrir qu'il leur soit fait aucun trouble ou empêchement. Voulons que la copie des Présentes qui sera imprimée tout au long au commencement ou à la fin dudit Ouvrage, soit tenuë pour düement signifiée, & qu'aux copies collationnées par l'un de nos amés & féaux Conseillers & Secretaires, foi soit ajoûtée comme à l'Original. Commandons au premier notre Huissier ou Sergent sur ce requis, de faire pour l'exécution d'icelles, tous actes requis & nécessaires, sans demander autre permission, & nonobstant Clameur de Haro, Charte Normande, & Lettres à ce contraires. CAR tel est notre plaisir. DONNE' à Paris, le treiziéme jour du mois de Janvier, l'an de grace mil sept cent quarante-sept, & de notre regne, le trente-deuxiéme. Par le Roi en son Conseil. Signé, SAINSON.

Regiſtré ſur le Regiſtre onze de la Chambre Royale & Syndicale des Libraires & Imprimeurs de Paris, Nº. 732. fol. 648. confor-

mément au Réglement de 1723. qui fait dé-
fense, Art. 4. à toutes personnes de quelque
qualité qu'elles soient, autres que les Libraires & Imprimeurs, de vendre, débiter & faire afficher aucuns Livres pour les vendre en
leurs noms, soit qu'ils s'en disent les Auteurs
ou autrement, & à la charge de fournir à la-
dite Chambre Royale & Syndicale des Libraires & Imprimeurs de Paris, huit Exemplaires prescrits par l'Article 108. du même
Reglement. A Paris, le 18. Janvier 1747.

Signé, CARDUIER, Syndic.

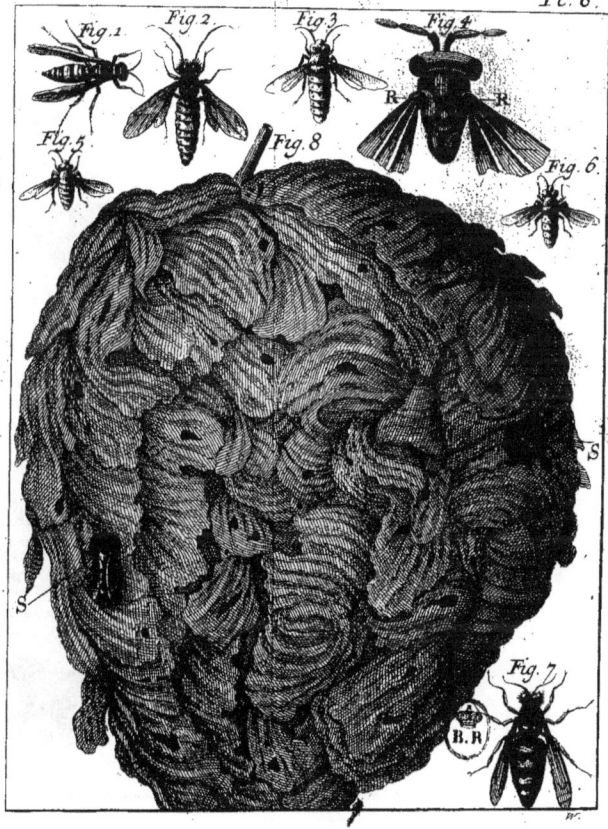

Pl. 8.

Fig. 1. Fig. 2. Fig. 3. Fig. 4.

Fig. 5. Fig. 8. Fig. 6.

Fig. 7.

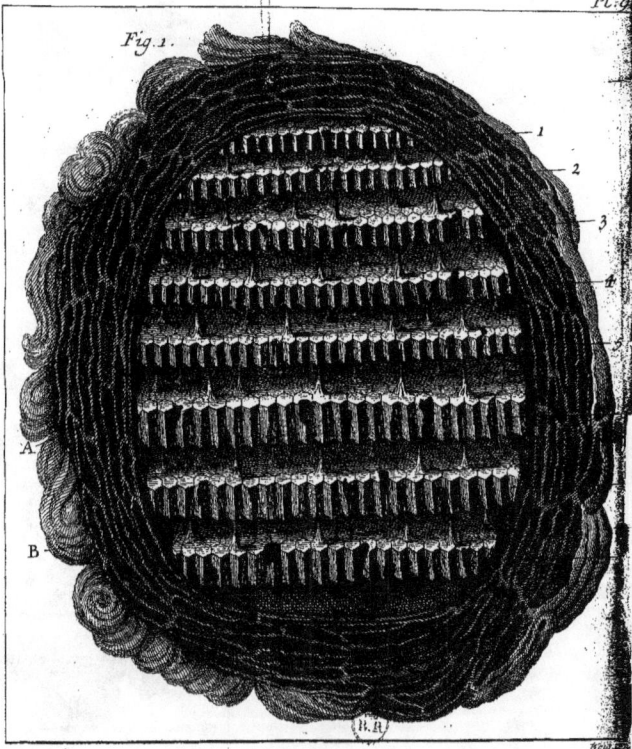

Fig. 1.

Pl. 2

A
B

1
2
3
4
5

R. R.

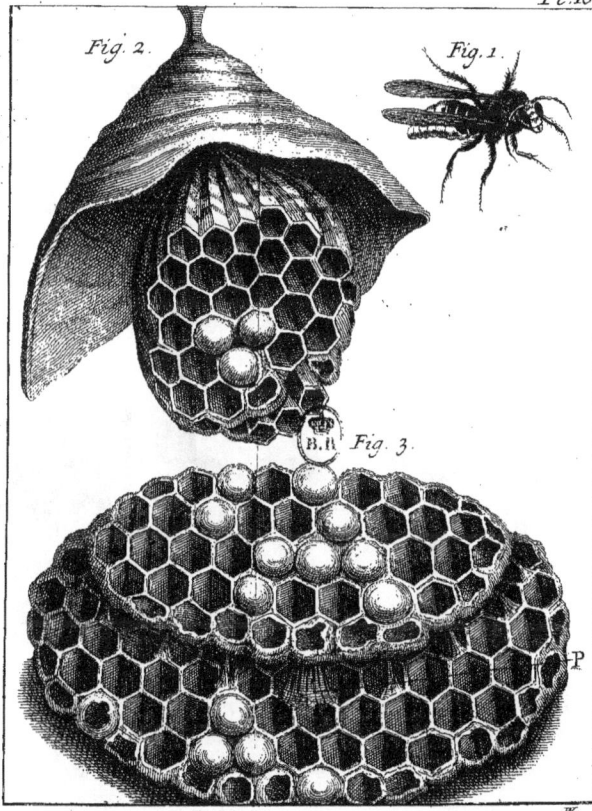

Pl. 10.

Fig. 2.

Fig. 1.

B. R. Fig. 3.

P

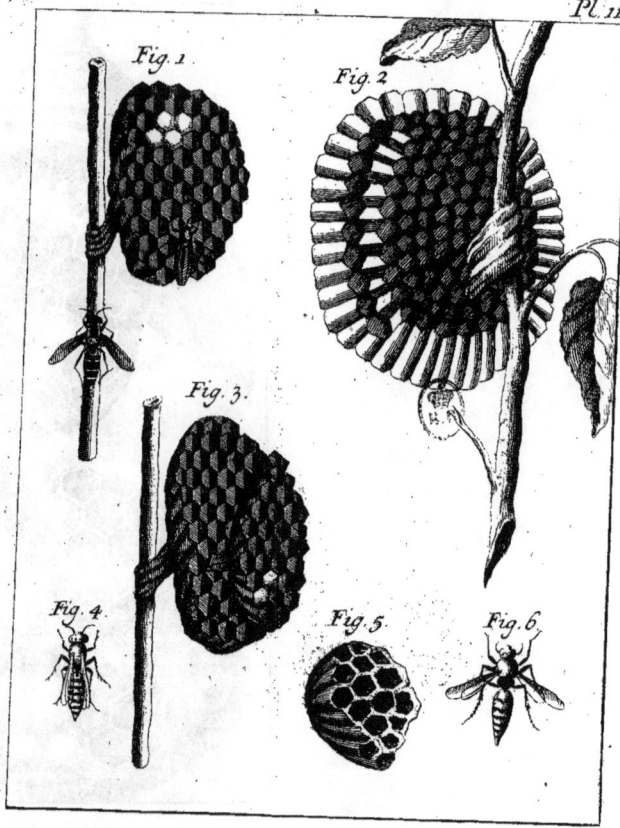

Pl. 11.

Fig. 1.

Fig. 2.

Fig. 3.

Fig. 4.

Fig. 5.

Fig. 6.

Pl. 12.

Fig. 1.

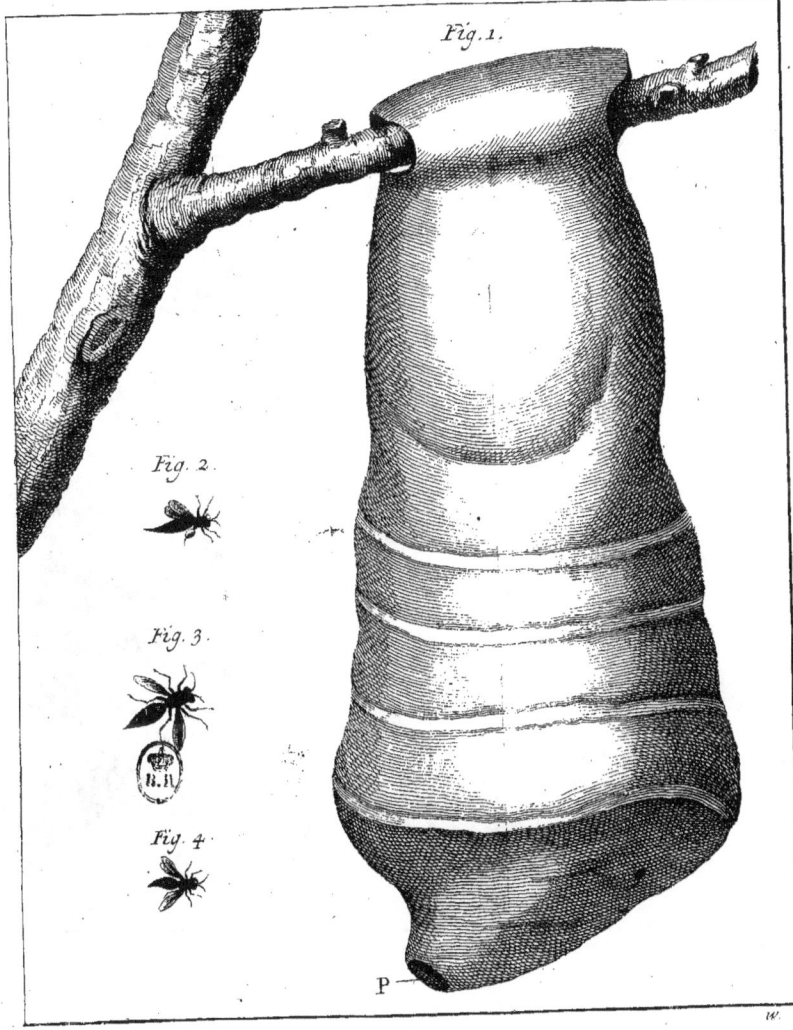

Fig. 2.

Fig. 3.

Fig. 4.

P

W.

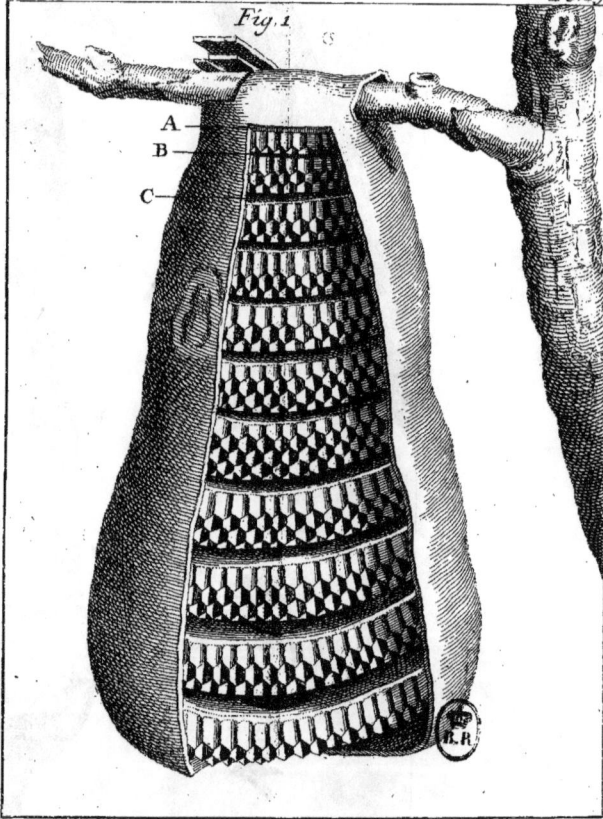

Pl. 23.

Fig. 1

A
B
C

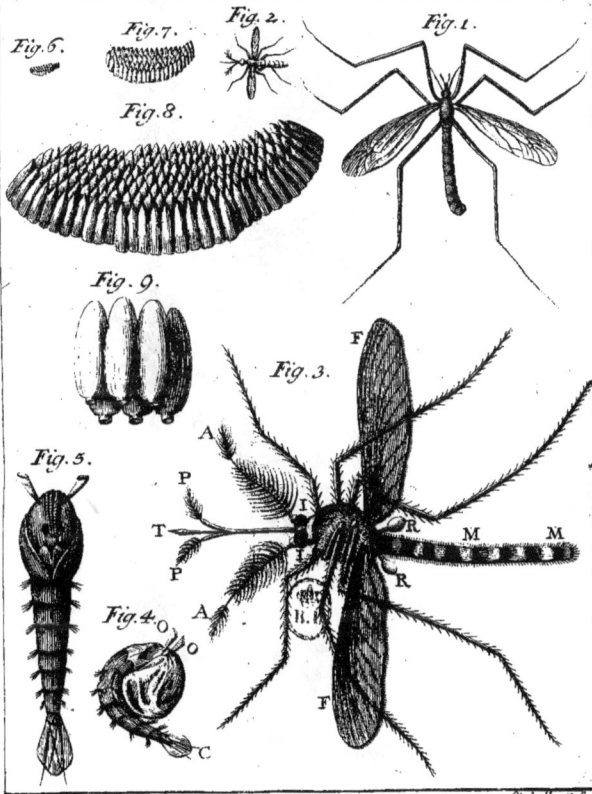

Pl. 14.

Fig.6. Fig.7. Fig.2. Fig.1.

Fig.8.

Fig.9.

Fig.3.

Fig.5.

Fig.4.

Striedbeck sc.

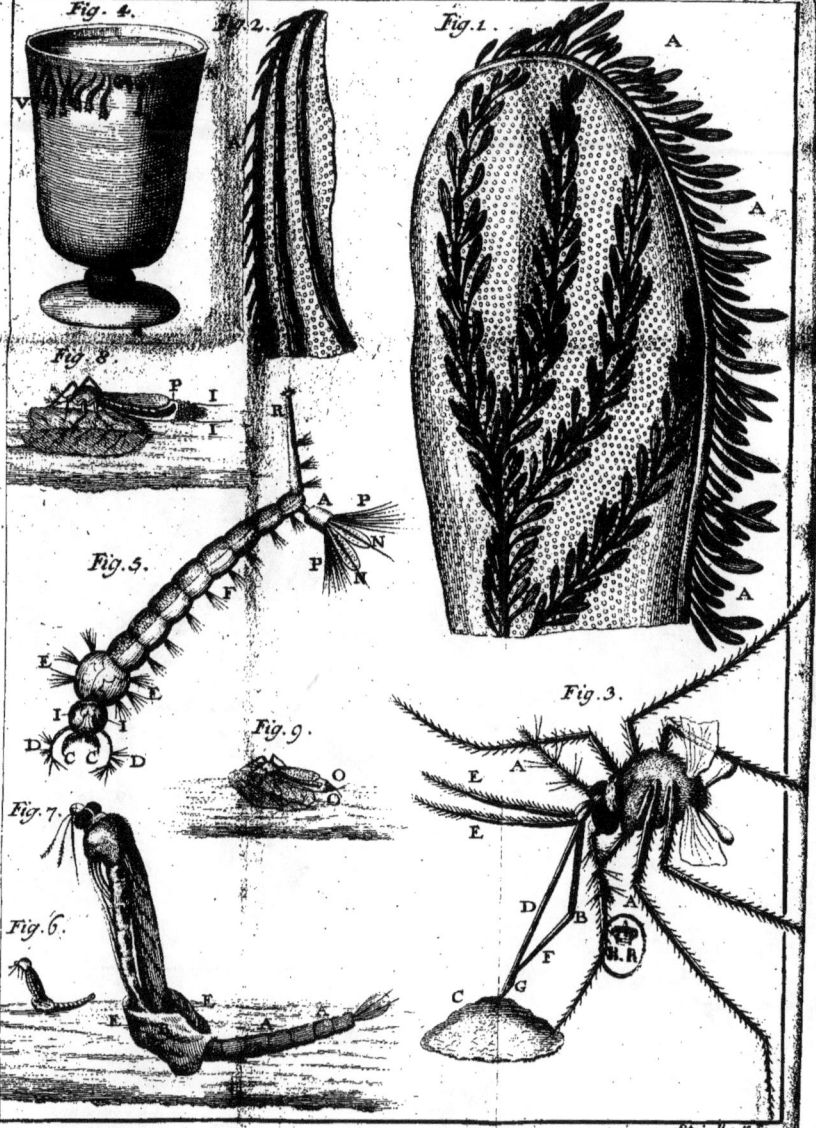

Pl. 15.

Fig. 4.

Fig. 2.

Fig. 1.

Fig. 8.

Fig. 5.

Fig. 9.

Fig. 3.

Fig. 7.

Fig. 6.

Striedbeck sc.

Pl. 16

fig. 4.   fig. 3.   fig. 1.   fig. 2.

fig. 5.   fig. 6.

fig. 8.   fig. 9.   fig. 7.

J. Stridbeck sculp. Argent.

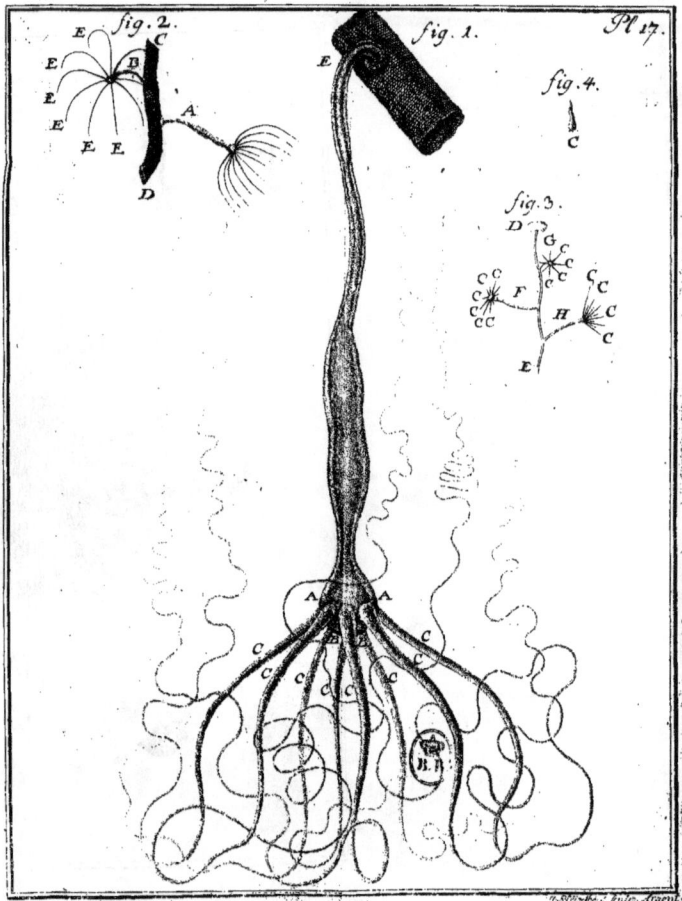

fig. 2.   fig. 1.   Pl. 17.

fig. 4.

fig. 3.

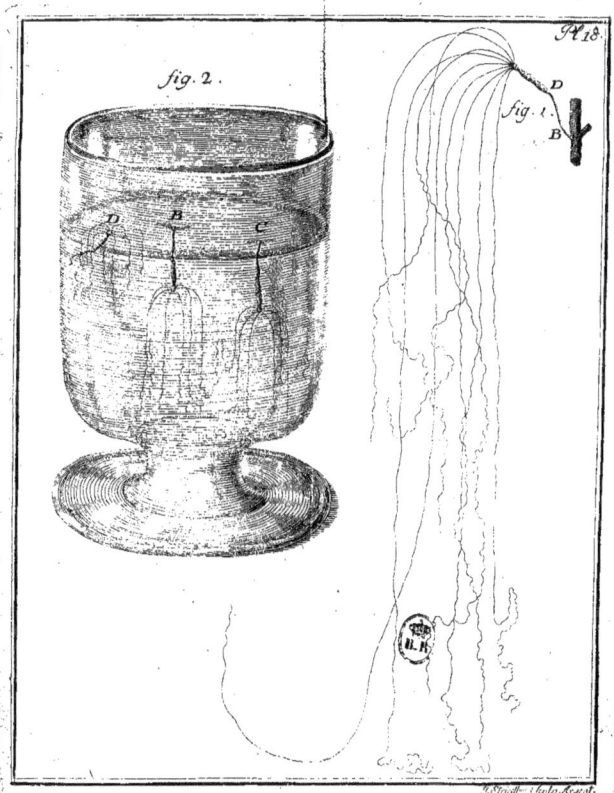

Pl. 18.

fig. 2.

fig. 1.